쉽게 따라 하는

우리음식

한식조리기능사 필기 실기

최은희 저

(주)백산출판사

머리말

최근 한류가 일시적인 시대적 유행이 아닌 경제, 문화, 예술 분야에서 세계 문화의 핵심 아이콘으로 지구촌을 하나로 묶는 역할을 하고 있습니다. 그런 한류의 중심에 우리의 한식이 자리하고 있으며, 한식은 더 이상 우리만의 음식이 아니라는 것을 모두 인지하고 있습니다. 또한 한식에 대한 관심이 웰빙을 추구하는 세계인에게 좋은 먹거리가 되었고 다양한 식품산업의 개발과 발전에 견인차 역할을 하고 있습니다. 앞으로도 우리 고유의 맛과 문화가 더해진 한식은 한류의 흐름에 따라 그 매력이 더욱 확산될 것이고, 건강식을 선호하는 문화에 따라 세계인들이 한식을 즐겨 할 것입니다. 또한 최근 언론매체의 각광 속에서 셰프라는 직업이 많은 관심을 받고 있어, 한식 조리사의 수요는 지속적으로 늘어나며, 관심의 대상이 되고 있습니다.

음식이 고유한 문화의 영역에서 벗어나 경쟁력을 갖추면 세계시장에서 얼마든지 영향력을 넓혀갈 수 있듯이 그에 따른 전문분야의 기능을 갖추고 있는 사람은 그만큼 더 큰 기회와 혜택이 따르게 될 것이며, 한식과 관련된 전문가가 바로 그중의 하나라고 볼 수 있습니다.

이 책은 한식조리기능사 자격증을 취득하여 전문 조리인이 되고자 하는 분들을 위해 다음과 같은 사항에 중점을 두어 저술하였습니다.

첫째, 양념과 고명, 명절음식과 시절식, 한국음식의 상차림, 향토음식 등을 수록하여 한식에 관한 이론적 기초를 익히도록 하였습니다.

둘째, 한식 기능사 시험의 주요 항목인 위생관리, 안전관리, 재료관리, 구매관리, 한식 기초 조리실무 등의 내용을 요약 정리하여 필기시험에 대비하도록 하였습니다.

셋째, 한국산업인력공단의 한식조리기능사 공개 실기시험 31가지 문제를 자세한 과정과 배점표 등을 상세히 구성하여 이해도를 높였습니다.

넷째, 채점과 직결되는 중요한 조리법을 정리하여 수록하였습니다.

현장실무 경험과 강의 경험을 통해 준비한 본 지침서가 미력이나마 모든 수험생들이 합격하는 데 도움이 되기를 기대하며, 앞으로도 계속 수정 · 보완하여 더욱 알찬 교재가 되도록 노력하겠습니다.

끝으로 이 책이 출판되기까지 수고를 아끼지 않으신 백산출판사 진욱상 사장님 이하 임직원 여러분께 감사드리며 이 책이 우리 한식의 계승발전을 위한 작은 밀알이 되기를 기원합니다.

저자 드림

차례

제1부 한국음식 개관

제1장 양념과 고명 10

1. 양념 • 10
2. 고명 • 16

제2장 명절음식과 시절식 23

1. 정월 • 23
2. 이월 • 24
3. 삼월 • 24
4. 사월 • 25
5. 오월 • 25
6. 유월 • 25
7. 칠월 • 26
8. 팔월 • 26
9. 구월 • 26
10. 시월 • 27
11. 동짓달 • 27
12. 섣달 • 27

제3장 한국음식의 상차림 28

1. 반상(飯床)차림 • 28
2. 죽상차림 • 30
3. 장국상(면상: 麵床)차림 • 30
4. 주안상(酒案床)차림 • 31
5. 교자상차림 • 31
6. 백일상차림 • 32
7. 돌상 • 32
8. 혼례 • 33
9. 회혼 • 34
10. 제례 • 34

제4장 향토음식 35

1. 서울 • 35
2. 경기도 • 36
3. 충청도 • 37
4. 강원도 • 38
5. 전라도 • 39
6. 경상도 • 40
7. 제주도 • 41
8. 황해도 • 42
9. 평안도 • 43
10. 함경도 • 44

제2부 한국음식 이론

제1장 한식 위생관리 46

1. 개인 위생관리 • 46
2. 식품 위생관리 • 47
3. 주방 위생관리 • 56
4. 식중독 관리 • 61
5. 공중보건 • 64

제2장 한식 안전관리 70

1. 개인 안전관리 • 70
2. 장비 · 도구 안전작업 • 72
3. 작업환경 안전관리 • 73

제3장 한식 재료관리 74

1. 식재료의 성분 • 74
2. 효소 • 85
3. 식품과 영양 • 87

제4장 한식 구매관리 88

1. 시장조사 및 구매관리 • 88
2. 검수관리 • 89
3. 원가 • 90

제5장 한식 기초 조리실무 92

1. 조리 준비 • 92
2. 식품의 조리원리 • 102

제3부 한국음식 조리실습

한식 밥조리 112

비빔밥 • 114
콩나물밥 • 116

한식 죽조리 118

장국죽 • 120

한식 탕조리 122

완자탕 • 124

한식 찌개조리 126

두부젓국찌개 • 128
생선찌개 • 130

한식 구이조리 132
더덕구이 • 134
북어구이 • 136
너비아니구이 • 138
제육구이 • 140
생선양념구이 • 142

한식 조림 · 초조리 144
두부조림 • 146
홍합초 • 148
오징어볶음 • 150

한식 전 · 적조리 152
육원전 • 154
표고전 • 156
풋고추전 • 158
생선전 • 160
섭산적 • 162
지짐누름적 • 164
화양적 • 166

한식 숙채조리 168
칠절판 • 170
탕평채 • 172
잡채 • 174

한식 생채조리 176
재료 썰기 • 178
무생채 • 180
도라지생채 • 182
더덕생채 • 184
겨자채 • 186

한식 회조리 188
미나리강회 • 190
육회 • 192

제4부 한식조리기능사 수검안내

제1장 한식조리기능사 자격증 취득과정 196
1. 필기시험 • 196
2. 실기시험 • 202

제2장 조리 기능장, 산업기사, 기능사 수검절차 안내 211

제1부

한국음식 개관

제1장 양념과 고명

제2장 명절음식과 시절식

제3장 한국음식의 상차림

제4장 향토음식

양념과 고명

1. 양념

우리말로 조미료를 양념(藥念)이라 한다. 먹어서 몸에 약처럼 이롭다는 뜻으로 간장 · 된장 · 고추장 · 소금 · 설탕 · 기름 · 식초 · 깨소금 · 후춧가루 · 고춧가루 · 실고추 · 다진 파 · 다진 마늘 · 다진 생강 등이 쓰였다. 고추가 유입되기 이전에는 천초(川椒)가 많이 쓰였다. 분량을 가늠할 때에는 약을 다루듯이 부족하지 않도록, 지나치지 않도록 유의하였으며 대부분의 음식에는 파 · 마늘 · 생강 다진 것을 가미하여 비린내 · 누린내 · 풋내 등을 가시게 하였다. 음식에 양념을 가하면 맛이 상승되고, 생선의 비린내, 육류의 누린내를 감소시키며, 향을 좋게 하고, 음식 표면에 윤기가 나게 하는 목적 등이 있다.

1) 간장

간장의 '간'은 소금의 짠맛을 나타내며 음식 맛을 좌우하는 기본적인 조미료로 주성분은 아미노산 · 당분 · 염분으로 숙성과정에서 아미노산과 기타 성분의 조화가 잘 이루어지면 맛 좋은 간장이 된다. 음식에 따라 간장의 종류를 구별하여 써야 한다. 1~2년 정도 된 맑은 장은 청장(淸醬), 또는 국간장이라 하며 국, 찌개, 나물 등에 색이 옅은 청장을 쓰고 담근 햇수가 오래되어 색이 진하고 단맛과 감칠맛이 많은 진간장은 조림, 포, 초 등의 조리와 육류의 양념을 하는 데 쓴다. 전유어, 만두, 편수 등에는 초간장을 곁들여 낸다.

2) 된장

된장의 '된'은 되직한 것을 뜻한다. 재래식으로는 늦가을에 흰콩을 무르게 삶고 네모지게 메주를 빚어, 따뜻한 곳에 곰팡이를 충분히 띄워서 말려두었다가 음력 정월 이후 소금물에 넣어 장을 담근다. 장맛이 충분히 우러나면 국물만 모아 간장 물로 쓰고, 건지는 모아 소금으로 간을 하여 따로 항아리에 꼭꼭 눌러서 된장으로 쓴다. 종래에는 간장을 뺀 나머지로 된장을 만든 것이 있고 메주를 소금물에 담가 만든 것이 있다. 된장은 짜지 않고 색이 노랗고 부드럽게 잘 삭은 것이 좋다. 주로 토장국, 된장찌개, 쌈장, 장떡의 재료로 쓰인다.

된장은 예부터 '오덕(五德)'이라 하였다. 즉 "첫째, 단심(丹心): 다른 맛과 섞어도 제맛을 낸다. 둘째, 항심(恒心): 오랫동안 상하지 않는다. 셋째, 불심(佛心): 비리고 기름진 냄새를 제거한다. 넷째, 선심(善心): 매운맛을 부드럽게 한다. 다섯째, 화심(花心): 어떤 음식과도 조화를 잘 이룬다."고 하여, 우리나라의 전통식품으로 구수한 고향의 맛을 상징하게 된 식품이라 할 수 있다.

3) 고추장

찹쌀고추장, 보리고추장, 밀 고추장 등이 있으며 감칠맛은 찹쌀고추장이 좋고, 보리고추장은 구수한 맛이 있다. 고추장은 먹으면 개운하고 독특한 자극을 준다. 콩으로부터 얻어지는 단백질원과 구수한 맛, 찹쌀 · 멥쌀 · 보리쌀 등의 탄수화물식품에서 얻어지는 당질과 단맛, 고춧가루로부터 붉은색과 매운맛, 간을 맞추기 위해 사용된 간장과 소금으로부터는 짠맛이 한데 어울린, 조화미(調和美)가 돋보이며 영양적으로도 우수한 식품이다. 찌개, 생채, 숙채, 조림, 구이 등의 조미료로 쓰이며 볶아서 찬으로도 하고 그대로 쌈장에 쓰기도 한다.

4) 소금

소금은 짠맛을 내는 기본 조미료이며 한문으로는 식염(食鹽)이라고 한다. 소금은 음식 맛을 내는 기본 조미료로, 소금의 종류는 제조방법에 따라 호렴, 재염, 재제염,

맛소금 등으로 나눌 수 있다. 호렴은 입자가 굵어 모래알처럼 크고 색이 약간 검다. 대개 장을 담그거나 채소나 생선의 절임용으로 쓰인다. 재염은 호렴에서 불순물을 제거한 것으로 재제염보다는 거칠고 굵으며, 간장이나 채소, 생선의 절임용으로 쓰인다. 재제염은 보통 꽃소금이라 불리는 희고 입자가 굵은 소금으로 가정에서 가장 많이 쓰인다. 맛소금은 소금에 글루탐산나트륨 등 화학조미료를 1% 정도 첨가한 것으로 식탁용으로 쓰인다.

5) 젓갈

어패류에 소금을 넣어 숙성시킨 것으로 감칠맛이 어우러져 맛과 풍미가 있다. 찌개나 국의 간을 맞출 때, 김치를 담글 때, 나물을 무칠 때 중요한 양념으로 사용된다. 새우젓, 멸치젓, 황석어젓, 까나리젓, 갈치속젓 등이 이용된다.

6) 식초

생채, 겨자채, 냉국 등에 신맛을 내기 위해 쓰이며 초간장, 초고추장을 만드는 데 쓰인다. 식초는 음식의 풍미를 더하여 식욕을 증진시키고 상쾌함을 주며, 음식 전체의 색을 선명하게 해주고, 생선의 비린내를 없애줄 뿐만 아니라 방부 · 살균작용을 하기 때문에 신선도를 유지해 주기도 한다. 식초는 술이 산화 발효되어 신맛을 내는 초산을 주체로 한 발효 양념으로, 사람이 만들어낸 최초의 조미료라고 할 수 있다. 이것은 자연발생적으로 만들어진 과실주(果實酒)가 발효되어 식초로 변했기 때문이다. 종류에는 양조식초와 합성식초가 있다.

7) 기름

참기름, 들기름, 콩기름이 쓰였다. 참기름은 참깨를 볶아서 짠 기름인데 향미가 있어 우리 음식에 잘 어울린다. 찌꺼기는 잘 밭쳐서 가라앉히고 볕이 쬐지 않는 곳에 밀봉, 보관하여 사용해야 맛이 변하지 않는다. 참깨를 볶을 때 지나치게 볶으면 색깔이 검어 음식을 만들 때 불편한 경우가 있으므로 알맞게 볶아 짜도록 한다. 참기름은 불포화지방산이 많고 발연점이 낮아 튀김기름으로 쓰이지 않으며, 나물은 물론 고기 양념 등 향을 살리기 위해 거의 모든 음식의 마지막에 쓰인다. 고기나 생선으로 포를 떠서 말릴 때 양념으로 참기름을 넣으면 건조과정에서 유지가 산패되어 좋지 않은 냄새가 난다. 따라서 이럴 때에는 먹기 직전에 기름을 발라 구워 먹는다. 불포화지방산이 많이 들어 있는 들기름은 산패가 빨리 진행되므로 1~2개월 이내에 먹어야 한다. 들기름은 들깨를 볶아서 짠 것으로 그 특유한 향기와 맛이 있어 볶음 요리, 전 부칠 때, 김에 발라 굽거나 나물에 넣어 먹는다. 면실유, 콩기름은 튀김요리와 볶는 요리에 좋다.

8) 깨소금

잘 볶은 깨로 만들어야 맛있는 깨소금이 된다. 깨끗하게 씻어서 일어 건지고, 물기를 뺀 다음 번철이나 냄비에 볶는다. 이때 고르게 볶으려면 한꺼번에 많은 양을 볶지 말고, 밑에 깔릴 정도로 볶아야 한다. 깨알이 팽창되고 손끝으로 부셔보아 잘 부셔지게 볶아졌으면 뜨거울 때 소금을 조금 섞어서 적당하게 빻는다. 너무 곱게 빻으면 음식의 볼품이 좋지 않다. 준비된 깨소금은 밀봉되는 양념 그릇에 넣어서 고소한 향이 가시지 않도록 한다. 깻국물로 사용할 때는 거피한 참깨를 이용한다.

9) 고추

고추는 색이 곱고 껍질이 두터우며 윤기가 나는 것으로 고른다. 경북 영양(英陽)에서 재배되는 영양초가 가장 좋고, 호고추는 색도 짙고 두터우나 자극성이 적고 음식에 넣었을 때 영양초에 비하여 색이 선명하지 못하므로 음식 종류에 따라 적당한 것을 고른다.

고추의 빨간 빛깔은 캡산틴(capsanthin)이라는 성분이고 매운맛은 캡사이신이라는 성분으로, 단맛과 매운맛의 조화가 잘 이루어져 김치를 담그면 맛있다. 고추의 씨를 빼고 행주로 깨끗하게 닦아 말린 다음 고추장, 나박김치에는 고운 것을, 김치, 깍두기를 담글 때는 중간 것을, 여름용 겉절이에는 굵은 고춧가루나 홍고추를 갈아서 이용한다.

10) 후춧가루

향기와 자극성이 강해 고기요리, 생선요리에 적당하며 누린내나 비린내가 가시고 식욕을 돋우어준다. 음식에 따라 검은 후춧가루, 흰 후춧가루, 통후추 등으로 구별하여 사용한다. 검은 후추는 육류와 색이 진한 음식에, 흰 후추는 흰살생선이나 채소류, 색이 연한 음식에 적당하다. 흰 후춧가루는 잘 익은 열매의 껍질을 제거하여 가루 낸 것으로 매운맛은 약하다.

11) 겨자

갓의 씨앗을 갈아 가루로 만든 것을 사용하는데 따뜻한 물로 오래 개어야 매운 성분이 우러나 분해가 빨리 된다. 겨자 개는 방법은 겨잣가루에 따뜻한 물을 넣고 오랫동안 잘 갠다. 이때 뽀얗게 되면 뚜껑을 덮어 따뜻한 곳(40℃, 미로시나아제)에 20~30분간 놓아두면 활성이 활발해 매운 자극성이 잘 풍기게 된다. 사용할 때도 소금, 식초, 설탕과 필요에 따라서는 닭국물, 잣즙과 같은 맛있는 국물을 섞어서 쓰고 고운 겨자즙으로 사용해야 할 경우에는 면포에 밭치면 된다.

12) 계핏가루

계수나무의 껍질을 말린 것으로 두껍고 큰 것은 육계라 하며, 작은 나뭇가지를 계지라 한다. 육계(肉桂)를 빻아 가루로 한 것으로 일반적인 요리에는 많이 사용되지 않으나 편류, 유과류, 전과류, 강정류에 많이 쓰인다. 잘 봉해 놓고 습기 없는 곳에 보관한다. 계지는 물을 붓고 달여서 수정과의 국물이나 계피차로 쓴다. 계핏가루는 떡, 한과 등에 넣어 향과 색을 내는 데 이용한다.

13) 파, 마늘, 생강

파, 마늘을 양념으로 사용할 때에는 채로 썰거나 다져서 쓴다. 파, 마늘의 자극성분이 고기류, 생선요리의 누린내, 비린내, 채소류의 풋냄새를 가시게 하므로 우리나라 요리에는 거의 빠지지 않고 쓰인다. 굵은 파의 푸른 부분은 자극이 강하고 쓴맛이 많으므로 다져 쓰기에는 적당하지 않다. 마늘은 나물, 김치, 양념장 등에 곱게 다져서 쓰고, 동치미, 나박김치에는 채썰거나 납작하게 썰어 넣는다. 고명에는 채썰어 사용한다. 생강은 쓴맛과 매운맛을 내며 강한 향을 가지고 있어, 어패류나 육류의 비린내를 없애준다. 또한 식욕을 증진시키고 몸을 따뜻하게 하는 작용이 있다. 용도에 따라 편이나 채로 썰고, 다지거나 강판에 갈아 즙으로 사용, 말려서 건강(乾薑)가루로 사용하는 등 쓰임새가 다양하다.

14) 설탕, 꿀, 조청

설탕, 꿀, 조청을 사용하면 음식 표면에 윤기가 나며 점성이 높아지고 음식이 쉽게 마르지 않는다. 한과류와 밑반찬, 조림에 많이 쓰인다. 설탕은 고려시대에 들어왔으며 단맛뿐만 아니라 윤기와 끈기를 주며 신맛과 짠맛을 완화시킨다. 흡습성이 높아 저장할 때에는 밀봉해서 보관해야 덩어리가 생기지 않는다. 백설탕은 원당을 여러 번 정제한 것으로 단맛이 강하며, 황설탕과 흑설탕은 약식이나 수정과처럼 음식을 갈색으로 만들 때 사용된다. 꿀은 방부작용을 하며, 음식에 보수성과 부드러운 질감을 준다. 또한 실온 보관이 가능하다. 꿀의 종류로는 아카시아꿀, 싸리꿀, 메밀꿀, 유채꿀, 밤꿀, 잡화꿀 등이 있다. 조청은 곡류를 엿기름으로 당화시켜 오래 고아서 걸쭉하게 만든 묽은 엿으로 독특한 향이 있으며, 음식에 윤기를 준다.

15) 산초

천초, 참초라고도 한다. 특이한 향이 있어 어육의 냄새를 감소시키며 추어탕, 개장국에 이용된다.

16) 청주, 미림

고기의 누린내와 생선의 비린내를 없애줄 뿐만 아니라 조직을 연하게 해주는 대표적인 조미료로 사용한다.

2. 고명

고명에 사용되는 재료로 청색은 미나리 · 실파 · 쑥갓 · 오이, 적색은 실고추 · 홍고추 · 당근, 황색은 달걀노른자, 흰색은 달걀흰자, 흑색은 소고기 · 목이버섯 · 표고버섯 등이 사용된다. 고명은 맛보다는 장식이 주목적이며 음식 위에 뿌리거나 얹는 것이다. '웃기' 또는 '꾸미'라고도 하고 음식을 아름답게 꾸며 돋보이게 하고 식욕을 촉진시켜 주며, 음식을 품위 있게 해준다.

고명과 양념의 다른 점은 양념은 맛을 내지만 고명은 맛과는 아무 상관이 없다는 것이다. 한국음식은 겉치레보다는 맛에 중점을 두고 있지만, 맛을 좌우하는 양념과 눈을 즐겁게 하는 고명은 음식에 있어 중요한 역할을 한다.

고명의 다섯 가지 색채는 우주공간을 상징할 때 사용하는 5방색인 동(청색 : 간장), 서(흰색 : 폐), 남(홍색 : 심장), 북(흑색 : 신장), 중앙(황색 : 위)과 일치하며 시간을 상징하는 봄, 여름, 가을, 겨울과 변화를 일으키는 중심도 다섯 가지 색으로 나타내므로 음양오행의 전통문화를 공유한 한국음식의 독창적인 형태라고 할 수 있다.

1) 달걀지단

달걀은 흰자와 노른자로 나누어 각각 소금을 넣고 풀어서 사용한다. 거품은 걷어주고 체 또는 면포에 내려 사용해야 빛깔 고운 지단을 만들 수 있다. 식용유를 두르고 불을 약하게 한 후 풀어놓은 달걀을 부어서 얇게 편 뒤 양면을 지져 용도에 맞는 모양으로 썬다.

지단은 흰색과 노란색을 가진 자연 식품 중 가장 널리 쓰인다. 채썬 지단은 국수나 잡채 고명에, 골패형인 직사각형은 겨자채, 신선로 등에 쓰이며 완자형인 마름모꼴은 국이나 찜, 전골의 고명에 쓰인다. 줄알이란 뜨거운 장국이 끓을 때 푼 달걀을 줄을 긋듯이 줄줄이 넣어 부드럽게 엉기게 하는 것을 말하는데 국수, 만둣국, 떡국 등에 쓰인다.

2) 미나리초대

미나리를 깨끗이 씻어 줄기만을 약 3~4cm 정도의 길이로 잘라 굵은 쪽과 가는 쪽을 번갈아 대꼬치에 빈틈없이 꿰어서 칼등으로 자근자근 두들겨서 네모지게 한 장으로 하여 밀가루를 얇게 묻힌 후 달걀물에 담갔다가 번철에 식용유를 두르고 달걀지단 부치듯이 양면을 지진다. 지나치게 오래 지지면 색이 나쁘다. 달걀의 흰자와 노른자를 따로 풀어서 입히는 경우도 있다. 미나리가 세고 좋지 않을 때는 가는 실파를 미나리와 같은 요령으로 부친다. 지져서 채반에 꺼내어 식은 후에 완자형이나 골패형으로 썰어 탕, 전골, 신선로 등에 넣는다.

3) 완자

완자를 봉오리라고도 하며 소고기의 살을 곱게 다져 양념하여 고루 섞어 둥글게 빚는다. 물기를 짠 두부를 곱게 으깨어 섞기도 하며, 완자의 양념은 간장 대신 소금으로 해야 질척거리지 않고, 파, 마늘은 최대한 곱게 다져 넣고 설탕이나 깨소금은 조금만 넣고 오래 치대야 완자가 곱다. 완자의 크기는 음식에 따라 직경 1~2cm 정도로 빚는다. 둥글게 빚은 완자는 밀가루를 얇게 입히고, 풀어놓은 달걀물에 담가 옷을 입혀서 프라이팬에 식용유를 두르고 굴리면서 고르게 지진다. 면이나 전골, 신선로의 웃기로 쓰이고, 완자탕의 건지로 쓰인다.

4) 고기 고명

소고기를 곱게 다져서 간장, 설탕, 파, 마늘, 깨소금, 참기름, 후춧가루 등으로 양념하여 볶아 만든 다진 고기 고명은 비빔밥이나 비빔국수 고명으로 쓴다. 쇠고기를 가늘게 채썰어 양념해서 만든 고기채 고명은 떡국이나 국수 고명으로 얹는다. 지방에 따라 떡국에 고기산적을 작게 만들어 얹기도 한다.

5) 버섯류

표고버섯, 목이버섯, 석이버섯, 느타리버섯 등을 손질하여 고명으로 주로 사용한다. 표고버섯은 만드는 음식에 따라 적당한 크기의 것으로 골라서 미지근한 물에 불려 부드럽게 한 후 기둥은 떼어내고 용도에 맞게 썬다. 지나치게 더운물로 불리면 색깔도 검고 향기도 좋지 않다. 떠오르지 않도록 접시로 눌러두어 충분히 부드러워질 때까지 불린다. 표고를 담근 물은 맛 성분이 많이 우러나 좋으므로 국이나 찌개 국물로 이용하면 좋다. 고명으로 쓸 때는 양념하여 볶으면 맛있다. 전을 부칠 때는 작은 표고버섯을 선택하며, 크고 두꺼운 것을 얇게 저민 다음 표고채로 썰어두면 편하다. 목이버섯은 검은목이버섯과 흰목이버섯이 있다. 석이버섯은 되도록 부서지지 않은 큰 것을 골라 미지근한 물에 불려 양손으로 비벼 안쪽의 이끼를 말끔하게 벗겨낸다. 여러 번 물에 헹구어서 바위에 붙어 있던 모래를 말끔히 떼어낸다. 석이를 채로 썰 때는 돌돌 말아서 곱게 썰어 보쌈김치, 국수, 잡채, 떡 등의 고명으로 쓴다. 또는 달걀 흰자에 석이를 다져 석이 지단을 부치기도 하며 전골, 찜 고명으로 사용한다. 느타리버섯은 살짝 데친 후 꼭 짜서 고명으로 사용한다.

6) 실고추

곱게 말린 고추를 갈라 씨를 발라내고 젖은 행주로 덮어 부드럽게 한 뒤 두 개씩 합하여 꼭꼭 말아서 곱게 채썬다. 나물이나 국수, 잡채 고명으로 쓰이고 나박김치 고명으로도 쓰인다. 기계로 썰어 놓은 것이 사용하기에 간편하다.

7) 고추(청 · 홍)

말리지 않은 다홍고추나 풋고추를 갈라서 씨를 빼고 채썰거나 완자형, 골패형으로 썰어 잡채나 국수의 웃기로 쓴다. 익힌 음식의 고명으로 쓸 때는 끓는 물에 살짝 데쳐서 사용한다.

8) 실파와 미나리

가는 실파나 미나리 줄기를 데쳐서 3~4cm 길이로 썰어 찜, 전골, 국수의 웃기로 쓴다. 푸른색을 좋게 하려면 넉넉한 물에 소금을 약간 넣고 데쳐내어 바로 찬물에 헹군 뒤 완전히 식혀서 쓰면 색이 곱다.

9) 통깨

참깨를 잘 일어 씻어 볶아서 빻지 않고 그대로 나물, 잡채, 적, 구이 등의 고명으로 뿌린다.

곱게 빻은 깨는 고기 양념 등에 넣으면 좋다.

10) 잣

잣은 대개 딱딱한 껍질을 까고 얇은 껍질까지 벗겨서 시판되고 있다. 잣은 굵고 통통하고 기름이 겉으로 배지 않고 보송보송한 것이 좋다. 뾰족한 쪽의 고깔을 떼고 통째로 쓰거나 길이로 반을 갈라 비늘잣으로 하거나, 도마 위에 종이를 겹쳐 깔고 잘 드는 칼로 곱게 다져서 잣가루로 사용한다. 보관할 때는 종이에 싸서 두어야 여분의 기름이 배어 나와 잣가루가 보송보송하다. 통잣은 전골, 탕, 신선로 등의 웃기나 차나 화채에 띄우고, 비늘잣은 만두소나 편의 고명으로 쓴다. 잣가루는 회, 적, 구절판, 너비아니, 불고기 등에 뿌려서 모양과 맛을 내며 초간장에도 넣는다. 한과류 중 강정이나 단자 등의 고물로 쓰이고 잣박산, 마른안주로도 많이 쓰인다.

11) 은행

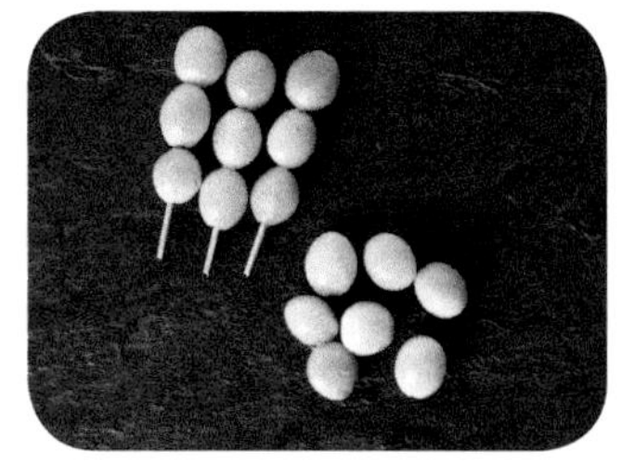

은행은 딱딱한 껍질을 까고 달구어진 팬에 식용유를 두르고 굴리면서 볶은 후 마른행주로 싸서 비벼 속껍질을 벗긴다. 소금을 약간 넣고 끓는 물에 벗기는 방법도 있다.

신선로, 전골, 찜 고명으로 쓰이고 볶아서 소금으로 간하여 두세 알씩 꼬치에 꿰어 마른안주로도 쓴다. 다져서 떡 만들 때 넣기도 한다.

12) 호두

딱딱한 껍질을 벗기고 알맹이가 부서지지 않게 꺼내어, 반으로 갈라서 뜨거운 물에 데쳤다가 대꼬치 등 날카로운 것으로 속껍질을 벗긴다. 호두살을 너무 오래 담가두면 불어서 잘 부서지고 껍질 벗기기가 어렵다. 많은 양을 벗길 때는 여러 번에 나누어 불려 벗긴다. 찜이나 신선로, 전골 등의 고명으로 쓰인다. 속껍질까지 벗긴 호두알은 바싹 말려 기름에 튀긴 후 소금, 설탕을 약간 뿌려 마른안주로 사용한다.

13) 대추

대추는 실고추처럼 붉은색의 고명으로 쓰이는데 단맛이 있어 어느 음식에나 적합하지는 않다. 마른 대추는 찬물에 재빨리 씻어 건져 마른행주로 닦고, 창칼로 씨만 남기고 살을 발라낸 뒤 채썰어 고명으로 쓴다. 찜, 삼계탕에는 통째로 넣고 보쌈김치, 백김치, 식혜, 차 등에는 곱게 채썰어 넣는다. 돌돌 말아 얇게 썬 대추는 떡이나 한과에 웃기로 많이 쓰인다.

14) 밤

단단한 겉껍질과 창칼로 속껍질까지 말끔히 벗긴 후 찜에는 통째로 넣고, 곱게 채썬 밤은 떡, 백김치 고명으로 사용하고, 삶아서 체에 내린 밤은 단자와 떡소로 쓰인다. 예쁘게 깎은 생률은 마른안주로 가장 많이 사용하며, 납작하고 얇게 썰어서 보쌈김치, 겨자채, 냉채 등에도 넣어 아삭한 맛을 즐긴다.

15) 알쌈

알쌈은 골동반(비빔밥)이나 신선로, 떡국, 만둣국 등의 고명으로 쓰인다. 기름에 지져낸 완자소를 달걀 지단 속에 넣고 양끝을 맞붙여 반달모양으로 익혀 사용한다.

16) 오이, 호박, 당근채

4cm 크기로 잘라 얇게 돌려깎기한 후 겹쳐 놓고 곱게 채썬다. 국수장국, 비빔국수, 칼국수 등의 고명으로 사용한다. 비빔밥, 구절판, 잡채용으로도 많이 사용한다.

명절음식과 시절식

1. 정월

설날은 음력 정월 초하룻날로 원단(元旦), 원일(元日), 세수(歲首)라고 한다. 멥쌀가루를 쪄서 안반에 놓고 쳐서 끈기나게 하여 길게 가래떡을 늘린다. 이 흰떡으로 떡국을 끓인다. 그 외에 만둣국, 약식, 약과, 다식, 전과, 강정, 전야, 빈대떡, 편육, 족편, 누름적, 떡찜, 떡볶이, 생치구이, 전복초, 숙실과, 생실과, 수정과, 식혜, 젓국지, 동치미, 장김치 등이 있고, 정월 삼일의 절식은 당귀말점증병(승검초찰편), 꿀찰떡, 봉오리떡(두텁떡), 오리알산병, 삼색주악, 각색 단자 등이 설날의 절식이다. 정초에 차례를 지내느라 만든 음식과 세배 손님들에게 내는 음식들을 세찬(歲饌)이라 한다.

음력 12월 말이나 정월 초에 입춘이 온다. 봄이 시작되는 좋은 명절날이다. 집집마다 입춘대길(立春大吉)이라는 봄맞이 글귀를 대문, 난간, 기둥에 써붙인다. 음력 정월 14일 저녁에 달을 보면 일 년의 운이 좋다고 하여 달맞이를 하고 서울에서는 답교 놀이를 한다. 오곡밥을 짓고, 묵은 나물을 마련하여 이웃이 서로 나누어 먹는다. 대보름의 절식은 오곡밥, 묵은 나물, 약식, 유밀과, 원소병, 부럼 등이다.

① 약식(藥食)의 유래

대표적인 절식으로 으뜸가는 약식은 찹쌀에 대추, 밤, 참기름, 꿀, 진장으로 버무려 거무스름하게 쪄낸 찰밥이다. 그 유래는 삼국유사(三國遺事)에 보면 신라 소지왕 정월 보름날 천천정으로 거동을 하셨는데 난데없이 까마귀가 경고문을 전하고 날아

가므로 즉시 환궁하여 역모하는 무리들을 제거하여 무사하였다. 이에 연유하여 국속(國俗)으로 상원(上元)일을 오기일이라 정하고 까마귀에게 제를 지냈으며 특별히 약밥과 같이 특이한 음식을 대접하도록 마련되었다고 한다. 신라시대에는 찹쌀밥인데 고려시대의 목은집에서는 찰밥에 기름과 꿀을 넣고, 잣, 밤, 대추를 넣는다는 시문이 있다. 우리나라는 꿀을 약이라 하여 꿀밥을 약반이라 하게 된 것이다.

2. 이월

이월 초하룻날을 중화절(中和節)이라 한다. 정조 원년(1766)에 당나라의 중화절을 본떠서 농사일을 시작하는 날로 삼았다. 그리고 노비(奴婢)들에게 나이 수대로 송편을 나누어 먹이고 하루 일을 쉬게 한다. 그러므로 노비일 또는 머슴날이라 하였다. 아이 머슴들이 어른들에게 술을 한턱내고 어른으로 인정받아 어른들과 품앗이를 할 수 있게 되고 새경(곡식으로 따지는 연봉)도 어른과 같이 일 년을 작정하여 받게 된다.

① 노비송편

농가에서는 그해 풍년을 비는 뜻에서 정월 보름날 세워두었던 볏가릿대에서 벼이삭을 내려 떡가루를 만들어 송편을 만든다. 큰 것은 손바닥만 하고 작은 것은 달걀만 하게 만드는데, 소는 팥, 콩, 꿀, 대추 등을 넣는다. 송편은 시루에 솔잎을 겹겹이 놓고 쪄내어 솔잎을 떼고 참기름을 바른다.

3. 삼월

3월 3일 삼짇날은 설날(1월 1일), 단오(5월 5일), 칠석(7월 7일), 중구(9월 9일)와 더불어 다섯 명절의 하나로 강남에 갔던 제비가 돌아온다는 명절이다. 가장 큰 명절로 삼는다. 그 유래는 신라 가락국의 건국전설에 나오는 부의 개설 또는 국수 천대의 시기를 삼월 초로 잡은 것에서 시작되었다. 또 중국의 풍속을 따라 처음에는 상사일(上巳日)을 명절로 삼았는데 후에는 초삼일로 고정하니 삼(三)이 겹쳐서 중삼(重三)이란 명칭도 생겼다고 한다. 삼짇날의 절식은 청주(淸酒), 삼색 견과(堅果), 육포, 어포, 절편, 녹말편, 조기면, 진달래화전, 화면, 진달래화채 등이다.

한식날은 청명절이라고도 하며, 동지부터 105일째 되는 날이다. 성묘(省墓)는 일년에 네 번으로 청초, 한식, 단오, 중추(中秋)를 지키는데, 한식과 추석을 가장 잘 지킨다. 제물은 술, 과식, 포, 식혜, 떡, 국수, 탕, 적 등이다.

4. 사월

4월 초파일은 석가모니의 탄생일이라 하여 이날 저녁에 연등하여 경축한다. 중국의 연등회는 정월 15일이지만 우리나라는 고려시대부터 4월로 옮겨졌다. 절식으로는 청애병, 증편, 삶은 콩, 미나리강회, 느티잎시루떡 등이 있다.

5. 오월

단옷날에는 부녀자들이 창포 뿌리를 머리에 꽂거나 창포 삶은 물에 머리를 감는다. 떡에 취를 이겨 넣어 녹색이 나게 만들어 수레바퀴 모양으로 문양을 찍어내어 수리취떡이라 하니 단옷날을 수릿날이라고도 한다. 조선시대 말기까지만 해도 사대 명절의 하나로 단오 차례를 지내기도 했다. 단오의 절식은 수리치떡, 알탕, 준치만두, 앵두화채, 제호탕, 생실과 등이 있다.

6. 유월

유월 보름을 유두(流頭)라 하는데 대개 신라의 옛 풍속을 따른다. 동으로 흐르는 냇물에 머리를 감고 모든 부정을 다 떠내려 보낸다. 또 유두연(流頭宴)이라 하여 산골짜기나 경치 좋은 물가를 찾아서 술을 마시고 즐긴다. 하루를 청유하고 시를 짓는 것이 옛날부터 내려오는 풍류놀이라 할 수 있다. 유두의 절식은 편수, 봉선화화전, 김국화전, 색비름화전, 맨드라미화전, 밀쌈, 구절판, 깻국탕, 어채, 복분자(산딸기)화채, 떡

수단, 보리수단, 참외, 상화병 등이다.

7. 칠월

7월 7일 칠석(七夕)의 밤은 견우 직녀별이 만나는 날로 칠석으로 지켜진다. 부녀자들은 길쌈과 바느질을 관장한다는 직녀에게 기원한다. 마당에 바느질 채비와 맛있는 음식을 차려 놓고 '길쌈과 바느질을 잘하게 해주십시오'라는 축원을 한다. 이날은 집집마다 옷과 책을 볕에 쬐는 습관이 있다. 칠석의 절식으로 밀전병, 증병, 육개장, 게전, 잉어구이, 잉어회, 복숭아화채, 오이소박이, 오이깍두기 등이 있다.

7월 15일 백중(白中) 때 여염집에서는 달밤에 채소, 과일, 술, 밥을 차려 놓고 어버이의 혼을 부른다. 불가에서는 먼저 세상을 떠난 망혼을 천도하는 우란불공을 드린다.

8. 팔월

추석(秋夕)을 한가위라 하여 설과 함께 가장 큰 명절로 삼는다. 가배라 하는 것은 신라에서 팔월 중추(中秋)를 모방한 것이다. 추수가 한창이라 햇곡식이 풍성하니 인심도 후해지고 이웃과 서로 나누며 즐기는 계절이다. 넉넉지 못한 민가에서도 쌀로 술을 빚고 닭을 잡아서 찬을 만들고, 과실 등을 차리고 '가(加)하지도 감(減)하지도 말고 늘 한가윗날 같기만 하여라'라고 하였다. 부녀자들은 근친 가기를 허락받고 떡, 고기, 술 등을 들고 친정에 다니러 간다. 친정이 먼 경우 중도에서 친정식구를 만나는데 이를 반보기라 한다.

9. 구월

9월 중구(重九)에는 삼짇날에 온 제비가 다시 강남으로 떠나는 날이다. 황국전을 지져서 가묘에 천신한다. 농가에서는 추수가 한창이다. 제주도로 귀양간 추사 김정희의 시 속에는 남쪽 섬 중구에는 황국이 없어서 호박떡을 만들어 먹으면서 망향을 달랜다는 구절이 있다.

10. 시월

농공제란 시월 일일에 단군께 제사를 지내는 것으로 상고시대부터 내려오는 유풍이고, 추수 감사를 조상께 드리는 것이다. 이날의 제물은 대증병, 신도주, 신과로 제물을 삼는다. 온 부락민이 다 모여서 제사 지내고 음복을 마음껏 한다. 아무리 먹어도 탈이 나지 않는다고 한다. 무오일(戊午日)은 말의 날인데, 신곡으로 붉은 팥고물을 놓아 시루떡을 만들어 마굿간에 갖다 놓고 말이 잘 크고 무병하기를 빈다. 햇곡식으로 술을 빚고, 붉은 팥시루떡을 바치고 빈다.

11. 동짓달

동짓날은 작은설이라 하며 팥죽을 쑤어 새알심을 나이 수대로 넣고 먹어 액막이를 한다.

12. 섣달

납일은 동지를 지내고 세 번째 미일(未日)이다. 종묘사직에 사냥해 온 멧돼지를 제물로 쓴다. 이를 납향이라 한다. 예전부터 세모를 맞으면 친척 어른과 친지 간에 서로 성의껏 선물을 주고받는 풍습이 있는데 이것을 세찬(歲饌)이라 한다. 세찬은 지방의 토산물이 아니면 떡쌀, 술쌀, 두부콩, 메밀쌈, 세육으로 쇠고기, 꿩고기, 북어, 참새가 쓰이고, 과품으로 밤 · 대추 · 곶감 · 엿강정 등을 선사하였다.

한국음식의 상차림

우리나라 일상식의 상차림은 전통적으로 독상이 기본이다. 밥을 주식으로 하고 밥을 먹기에 어울리는 음식을 찬으로 하여 주식과 부식으로 구성된 것이 우리나라의 일상식 상차림(飯床)이다. 음식상에는 차려지는 상의 주식이 무엇이냐에 따라 밥과 반찬을 주로 한 반상을 비롯하여 죽상, 면상, 주안상, 다과상 등으로 나눌 수 있고, 상차림의 목적에 따라 교자상, 돌상, 큰상, 제상 등으로 나눌 수 있는데 계절에 따라 그 구성이 다양하다.

상은 네모지거나 둥근 것을 썼으며 기명은 계절 감각을 살려 여름에는 사기 반상기를, 겨울에는 은반상기나 유기(놋그릇)반상기를 사용하였다. 반드시 음식이 놓이는 장소가 정해져 있어 차림새가 질서정연하고, 음식예법을 중히 여겼다.

1. 반상(飯床)차림

밥과 반찬을 주로 하여 격식을 갖추어 차리는 상차림으로 밥상, 진지상, 수라상으로 구별하여 쓰는데, 받는 사람의 신분에 따라 명칭이 달라진다. 즉 아랫사람에게는 밥상, 어른에게는 진지상, 임금에게는 수라상이라 불렀다. 또, 한 사람이 먹도록 차린 밥상을 외상(독상), 두 사람이 먹도록 차린 반상을 겸상이라 한다. 그리고 외상으로 차려진 반상에는 3첩, 5첩, 7첩, 9첩, 12첩이 있는데 여기에서의 첩이란 밥, 국, 김치, 찌개(조치), 종지(간장, 고추장, 초고추장 등)를 제외한 쟁첩(접시)에 담는 반찬의 수를 말한다.

3첩 반상은 반상 중에 가장 간소한 상차림으로 일반인들이 즐겨 차렸으며, 이 상차림이면 현대의 영양학적 관점에서도 매우 과학적 · 합리적인 것이다. 5첩 반상은 어느 정도 여유가 있었던 일반인들의 상차림이다. 7첩 반상은 손님 대접상이나 생신, 잔치 등의 특별식 상차림이며, 9첩 반상은 반가집에서의 최고 상차림이었고, 12첩 반상은 궁중에서차리는 수라상차림이었는데, 수라상은 반드시 12첩 반상이 아니고 그 이상이어도 상관이 없었다. 첩수에 따른 반찬의 종류를 정할 때는 재료가 중복되지 않도록 했고 빛깔을 고려해서 정했다.

곁상(곁반): 많은 가짓수의 반찬을 한상 위에 모두 차릴 수 없어 옆에 따라 곁들여 차려 놓은 보조상으로 7첩 반상 이상의 상을 차릴 때는 곁상이 따르게 된다. 쌍조치(찌개가 2가지)일 경우는 토장조치와 맑은조치를 올린다. 마른반찬은 포(脯), 튀각, 좌반, 북어보푸라기, 부각 등의 마른 찬이며 장과는 장아찌와 숙장과(熟醬瓜) 등이다.

1) 3첩 반상

기본적인 밥, 국, 김치, 장 외에 세 가지 찬품을 내는 반상이다.

- 첩수에 들어가지 않는 음식: 밥, 국, 김치, 장
- 첩수에 들어가는 음식: 나물(생채 또는 숙채), 구이 혹은 조림, 마른 찬이나 장과 또는 젓갈 중에서 한 가지를 택한다.

2) 5첩 반상

밥, 국, 김치, 장, 찌개 외에 다섯 가지 찬품을 내는 반상이다.

- 첩수에 들어가지 않는 음식: 밥, 국, 김치, 장, 찌개(조치)
- 첩수에 들어가는 음식: 나물(생채 또는 숙채), 구이, 조림, 전, 마른 찬이나 장과 또는 젓갈 중에서 한 가지를 택한다.

3) 7첩 반상

밥, 국, 김치, 찌개, 찜, 전골 외에 일곱 가지 찬품을 내는 반상이다.

- 첩수에 들어가지 않는 음식: 밥, 국, 김치, 장, 찌개, 찜(선) 또는 전골

- 첩수에 들어가는 음식: 생채, 숙채, 구이, 조림, 전, 마른 찬이나 장과 또는 젓갈 중에서 한 가지, 회 또는 편육 중에 한 가지를 택한다.

4) 9첩 반상

밥, 국, 김치, 장, 찌개, 찜, 전골 외에 아홉 가지 찬품을 내는 반상이다.

- 첩수에 들어가지 않는 음식: 밥, 국, 김치, 장, 찌개, 찜, 전골
- 첩수에 들어가는 음식: 생채, 숙채, 구이, 조림, 전, 마른 찬, 장과, 젓갈, 회 또는 편육

5) 12첩 반상

밥, 국, 김치, 장, 찌개, 찜, 전골 외에 열두 가지 찬품을 내는 반상이며 예전에 궁에서 아침과 저녁에 차렸던 수라상이다.

- 첩수에 들어가지 않는 음식: 밥, 국, 김치, 장, 찌개, 찜, 전골
- 첩수에 들어가는 음식: 생채, 숙채, 구이 두 종류(찬 구이, 더운 구이), 조림, 전, 마른 찬, 장과, 젓갈, 회, 편육, 별찬

2. 죽상차림

응이, 미음, 죽 등의 유동식을 중심으로 하고 여기에 맵지 않은 국물김치(동치미, 나박김치)와 젓국찌개, 마른 찬(북어보푸라기, 어포) 등을 갖추어 낸다. 죽은 그릇에 담아 중앙에 놓고 오른편에는 빈 그릇을 놓아 덜어 먹게 한다.

3. 장국상(면상: 麵床)차림

국수를 주식으로 하여 차리는 상을 면상이라 하며 점심으로 많이 이용한다, 주식으로는 온면, 냉면, 떡국, 만둣국 등이 오르며, 부식으로는 찜, 겨자채, 잡채, 편육, 전,

배추김치, 나박김치, 나물, 잡채, 전 등이 오른다. 주식이 면류이기 때문에 각종 떡류나 한과, 생과일 등을 곁들이기도 하며, 이때는 식혜, 수정과, 화채 중의 한 가지를 놓는다. 술 손님인 경우에는 주안상을 먼저 낸 후에 면상을 내도록 한다.

4. 주안상(酒案床)차림

술을 대접하기 위해서 차리는 상이다. 안주는 술의 종류, 손님의 기호를 고려해서 장만해야 하는데 보통 약주를 내는 주안상에는 육포, 어포, 건어, 어란 등의 마른안주와 전이나 편육, 찜, 신선로, 전골, 찌개 같은 얼큰한 안주 한두 가지 그리고 나물과 김치, 과일 등이 오르며 떡과 한과류가 오르기도 한다.

또 주안상에는 전과 편육류, 나물과 김치류 그 외에 몇 가지 마른안주가 오른다. 기호에 따라 얼큰한 고추장찌개나 매운탕, 전골, 신선로 등과 같이 더운 국물이 있는 음식을 추가하면 좋다. 주안상에는 약주, 신선로, 전골, 찌개, 찜, 포(육포, 어포), 전, 편육, 회, 나물, 나박김치, 초간장, 간장, 겨자즙, 과일, 떡과 한과류 등의 음식이 오른다.

5. 교자상차림

교자상을 차릴 때는 종류를 지나치게 많이 하는 것보다, 몇 가지 중심이 되는 요리를 특별히 잘 만들고, 이와 조화가 되도록 재료, 조리법, 영양 등을 고려하여 몇 가지 다른 요리를 만들어 곁들이는 것이 좋은 방법이다. 잔칫날 교자상은 반상, 면상, 주안상 등이 모두 함께 어울린 상차림이다. 전골이나 승기악탕(勝妓樂湯) 등을 곁들여 놓으면 한결 색스럽고 품위있는 상차림이 된다. 포 종류는 날씨가 좋은 날을 택하여 체를 씌워가며 꾸덕꾸덕하게 말려 참기름을 바르고, 잣가루를 묻혀 상 위에 안주감으로 볼품 있게 놓는데, 그중 민어를 말려서 두들겨 솜같이 펴서 만든 암치포가 맛이 좋다. 나이가 많은 분들에게는 음식도 부드럽고 소화가 잘 되는 것을 준비해야 하는데 오이무름이나 호박선, 월과채 등을 마련하면 좋다.

모든 음식을 다 든 후에 떡이나 유생과 등을 후식으로 내놓는데 떡의 종류로는 주로 송편이나 주악, 석이단자, 밤단자, 쑥굴레(쑥굴리)와 같이 단맛을 지닌 것이 좋다. 율란, 조란도 만들고 특히 여러 가지 열매와 뿌리를 꿀이나 설탕에 조려서 만든 장과류도 몇 가지 올리는 것이 좋다. 빨간 산수유와 모과, 앵두, 청매, 연뿌리, 생강, 맥문동, 동아 등은 좋은 재료이다.

6. 백일상차림

태어나서 백일이 되면 백설기와 음식을 차려 친척과 이웃에게 대접하고 축하를 받는다. 백일떡은 백 사람에게 나누어 먹이면 백수를 한다 하여 이웃과 친척에 나누어 돌리며 그릇을 돌려줄 때는 씻지 않고 실이나 돈을 담아 그대로 답례로 보낸다. 차리는 음식은 흰밥, 미역국, 백설기, 수수경단, 오색송편, 인절미 등을 마련하는데 이 중에 백설기는 백설같이 순수무구한 순결을 의미하며 수수경단은 잡귀를 막아 부정한 것을 예방하는 뜻이 담겨 있어 빠지지 않고 상에 올린다.

7. 돌상

아기가 만 1년이 되면 첫 생일을 축하하는 돌상을 차려준다. 차리는 음식과 물건은 모두 아기의 수명장수(壽命長壽)와 다재다복(多才多福)을 바라는 마음으로 준비한다. 음식은 흰밥, 미역국, 청채나물을 만들고, 돌상에는 백설기, 오색송편, 인절미, 차수수경단, 생실과, 쌀, 삶은 국수, 대추, 흰 타래실, 청홍 비단실, 붓, 먹, 먹, 벼루, 천자문, 활과 화살, 돈 등이며, 여아에게는 천자문 대신 국문을 놓고 활과 화살 대신에 색지, 실패, 자 등을 놓는다.

돌잡이할 때는 무명필을 밑에 놓고 아기를 올려 앉히고 아기가 집는 것에 따라 장래를 점치고 재주를 가지고 복을 받기를 기원한다, 옷은 남아에게는 색동저고리, 풍차바지를 입히고 복건을 씌우며, 여아에게는 색동저고리와 다홍치마를 입히고 조바위를 씌운다.

▶ 돌상에 놓는 물건

- **쌀**: 식복이 많은 것을 기원하는 뜻
- **면**: 장수를 기원하는 뜻
- **대추**: 자손의 번영을 기원하는 뜻
- **흰 실타래**: 면과 같이 장수를 기원하는 뜻
- **청 · 홍색 타래실**: 장수와 함께 앞으로 금실이 좋기를 기원하는 뜻
- **붓, 먹, 벼루, 책**: 앞으로의 문운(文運)을 비는 뜻
- **활**: 무운(武運)을 기원하는 뜻
- **돈**: 부귀와 영화를 기원하는 뜻

이상의 것을 백반, 곽탕(미역국), 푸른나물(미나리 등을 자르지 않고 긴 채로 무친 것), 백설기, 수수팥경단, 송편, 생실과와 함께 상 위에 차려 놓는다.

8. 혼례

사람이 성장하여 때가 되면 부부의 인연을 맺게 되는데, 부부의 연을 맺는 의식을 혼례라 한다. 혼례음식은 봉채떡, 교배상, 폐백, 큰상 등으로 대별되며, 이들 음식은 각기 다른 의식에 쓰이는 만큼 그 음식의 양도 다르다. 폐백은 현구고례(見舅姑禮)라고 하며 신부가 시부모를 비롯한 시댁의 여러 친척에게 인사드리는 예를 행할 때 신부 측에서 마련하는 음식이다. 폐백은 지역에 따라 다소 차이가 있지만 대개는 대추와 편포로 한다. 대추를 준비할 때는 먼저 굵은 대추를 골라 깨끗이 씻은 뒤, 술을 뿌리고 뚜껑을 덮어서 따뜻한 곳에서 5~6시간 불린다. 불린 대추 하나하나에 양쪽으로 실백을 박는다. 준비한 대추를 길게 꼬아 만든 굵은 다홍실에 한 줄로 꿴다. 이때 대추를 꿰는 다홍실은 도중에 끊어지거나 다시 잇는 일이 없이 처음부터 끝까지 한 줄로 계속 꿰어야 한다. 실에 꿴 대추는 둥근 쟁반에 서리어 높이 고여 담는다. 또한 편포는 쇠고기를 곱게 다져 양념한 뒤 한 쌍의 반대기를 짓는다. 이것을 말리다가 반쯤 말랐을 때 표면을 매끄럽게 다듬어 다진 실백을 고명으로 뿌린다. 종이에 '근봉(謹封)'

이라 써서 띠로 만든 다음, 준비된 편포 가운데를 둘러 둥근 쟁반에 담는다. 지역에 따라서는 편포 대신 폐백닭이라 하여 통닭찜을 준비하기도 한다.

9. 회혼

혼례를 올리고 만 60년을 해로한 해를 회혼이라 한다. 이때가 되면 처음 혼례를 치르던 때를 생각하여 신랑, 신부 복장을 하고 자손들로부터 축하를 받는다. 회혼을 맞은 분들의 복장이 신랑, 신부인 만큼 그 의식도 혼례 때와 같다. 다만 자손들이 헌주하고 권주가와 음식이 따른다는 점이 다를 뿐이다. 회혼례는 회근례(回巹禮)라고도 하는데 이날은 자손들이 헌주하고 큰상을 차리고 잔치를 베풀어 축하드린다. 회혼례에 차리는 큰상 또한 혼례 때 차리는 큰상과 같다.

10. 제례

제례란 죽은 조상을 추모하여 지내는 의식 절차이다. 제례는 다른 어떤 의식보다도 그 절차가 까다로운 만큼, 여기에 따르는 음식 또한 까다롭고 그 가짓수도 만만치 않다. 이는 조상 없이 내가 존재할 수 없기에 나 자신이 아무리 훌륭해도 조상의 위대함을 따를 수 없다는 뜻에서, 돌아가신 뒤에도 효(孝)를 계속한다는 의미가 담겨 있기 때문이다. 제례를 올리는 시기는 매년 조상이 돌아가신 날 기제(忌祭)를 지내고, 정월 초하루, 추석 등의 속절에 차례를 지낸다. 그리고 기제를 지내지 않는 5대조 이상의 웃대 조상에 대해 1년에 한 번 세일사(歲一祀)를 지낸다. 제례음식은 제수의 종류와 진설법이 지역이나 가풍에 따라 차이가 있다.

향토음식

1. 서울

서울은 자생 산물은 별로 없으나 전국 각지에서 나는 여러 식품이 모두 모이는 곳이다. 우리나라에서 음식 솜씨가 좋은 곳으로는 서울, 개성, 전주 세 곳을 꼽는다. 서울은 조선시대 초기부터 오백 년 이상 도읍지여서 궁중의 음식문화가 이어지는 곳이며 양반 계급과 중인 계급의 음식문화에 많은 영향을 주었다. 양반들은 유교의 영향으로 격식을 중시하고 치장을 많이 하는 편이어서 더러 사치스럽고 화려한 음식도 있었다. 하지만 서울 토박이의 성품이 원래 알뜰해서 양을 많이 하지는 않고 가짓수는 많으며, 예쁘고 작게 만들어 멋을 부리는 경향이 있다. 서울 음식은 간이 짜지도 싱겁지도 않고, 지나치게 맵게 하지 않아 전국적으로 보면 중간 정도의 맛을 지닌다. 음식에 예절과 법도를 지키고 웃어른을 공경하며, 재료를 곱게 채썰거나 다지는 등 정성이 깃들어 있고, 상에 낼 때는 깔끔한 백자에 꼭 먹을 만큼만 깔끔하게 내는 것도 특징이다.

▶ **서울**

- 설렁탕은 조선시대 동대문 밖 선농단(先農壇)에서 2월 상재일에 왕이 나와서 친경(親耕)을 하고 제를 올리는 행사 때 생겼다고 한다. 서울의 명물 음식으로 알려져 있다.
- 열구자탕은 화통이 달린 냄비에 산해진미 재료를 넣어 끓이는 음식으로 지금은 신선로라고 한다. 신선로 틀은 중국에 원형이 있는데 궁중뿐 아니라 중국에 다녀온 역관과 고관들도 틀을 들여와서 즐겼다고 한다.
- 탕평채는 청포묵 무침으로 정조 때 탕평책을 논할 때 만들어졌다고 하여 붙은 이름이다. 봄철에 탕평채를 채썰어 볶은 고기와 데친 숙주, 미나리 등을 합하여 초장으로 무친 음식이다.

2. 경기도

경기도는 논농사와 밭농사가 고루 발달하여 곡물과 채소가 풍부하고, 서해안에서는 생선과 새우, 굴, 조개 등이 많이 잡히며 한강, 임진강에서는 민물고기와 참게가 많이 나고, 산간에서는 산채와 버섯이 고루 난다. 경기미는 품질이 좋기로 유명한데 여주, 이천, 김포산이 인기가 높다. 고려의 도읍지였던 개성 지방의 음식은 다양하고 사치스러운 편으로 유난히 정성을 많이 들인다. 음식에 쓰이는 재료가 다양하며, 숙련된 조리기술이 필요한, 만들기 어려운 음식과 과자가 많다. 경기도 음식은 소박하면서도 다양하나 개성 음식을 제외하고는 대체로 수수하다. 음식의 간은 서울과 비슷하여 짜지도 싱겁지도 않으며, 양념도 많이 쓰는 편이 아니다. 강원도, 충청도, 황해도와 접해 있어 공통점이 많고 같은 음식도 많이 있다.

▶ **경기도**

- 소갈비구이는 조선시대부터 생긴 쇠전에 전국의 소장수가 모여들던 수원에 불갈빗집들이 생기고부터 유명해졌다.
- 조랭이떡국은 흰 가래떡을 나무칼로 누에고치처럼 만들어서 끓인다.
- 개성모약과는 밀가루에 참기름과 술, 생강즙, 소금을 넣고 반죽하여 납작하게 밀어서 모나게 썰어 기름에 튀겨 조청에 즙청한 것이다.
- 개성주악은 우메기라고도 하는데 찹쌀가루와 밀가루를 합하여 막걸리로 반죽한 다음 둥글게 빚어서 기름에 튀겨 조청에 즙청한다.

3. 충청도

충청도는 농업이 주가 되는 지역이므로 쌀, 보리, 고구마, 무, 배추, 목화, 모시 등을 생산한다. 서쪽 해안지방은 해산물이 풍부하나 충청북도와 내륙에서는 좀처럼 신선한 생선을 구하기가 어려워 옛날에는 절인 자반이나 말린 생선을 먹었다. 오래전부터 쌀을 많이 생산했으며 보리도 많이 나서 보리밥 짓는 솜씨도 훌륭하다. 충청도 음식은 그 지방 사람들의 소박한 인심을 나타내듯 꾸밈이 별로 없다. 충북 내륙의 산간지방에는 산채와 버섯이 많아 그것으로 만든 음식이 유명하다. 음식 맛을 낼 때는 된장을 많이 사용하며, 겨울에는 청국장을 만들어 구수한 찌개를 끓인다. 충청도 음식은 사치스럽지 않고 양념도 그리 많이 쓰지 않아 자연 그대로의 담백하고 소박한 맛이 난다.

▶ **충청도**

- 어리굴젓은 간월도가 조선시대부터 유명하다. 서산 앞바다는 민물과 서해 바닷물이 만나는 곳으로 천연굴도 많고, 굴 양식에 적합하다. 어리굴젓은 굴을 바닷물로 씻어 소금으로 간하여 2주일쯤 삭혔다가 고운 고춧가루로 버무려 삭힌다.
- 올갱이는 맑고 얕은 개천에서 잡히는 민물 다슬기로 이것으로 된장찌개를 끓이며 삶아서 무쳐 안주로도 먹는다. 충북에서는 민물에서 잡히는 새뱅이, 붕어, 메기, 미꾸라지 등으로 특별한 찬물을 만든다. 피라미조림, 붕어찜, 새뱅이찌개, 추어탕이나 미꾸라지조림 등이 그것이다.

4. 강원도

강원도는 영서지방과 영동지방에서 나는 산물이 크게 다르고 산악지방과 해안지방도 크게 다르다. 산악이나 고원 지대에서는 밭농사를 많이 지어 옥수수, 메밀, 감자 등이 많이 난다. 산에서 나는 도토리, 상수리, 칡뿌리, 산채 등은 옛날에는 구황식물에 속했지만 지금은 기호식품으로 많이 이용한다. 동해에서는 명태, 오징어, 미역 등이 많이 나서 이를 가공한 황태, 마른오징어, 마른미역, 명란젓, 청란젓 등이 있다. 강원도 음식에는 감자, 메밀, 옥수수, 도토리, 칡 등으로 만든 것이 많다. 동해안에서 나는 다시마와 미역은 질이 좋고, 구멍이 나 있는 쇠미역은 쌈을 싸 먹거나 말린 것은 튀긴다.

▶ **강원도**

- 감자는 보통 쪄서 먹지만 삭혀서 전분을 만들어 국수나 수제비, 범벅, 송편 등을 만들기도 한다. 감자부침은 생감자를 강판에 갈아 파, 부추, 고추 등을 섞어 번철에 부친다.
- 메밀막국수는 인제, 원통, 양구 등의 산촌에서 더 많이 먹던 국수이다. 원래는 메밀을 익반죽하여 부틀에 눌러서 무김치와 양념장을 얹어서 비벼 먹지만 동치미 국물이나 꿩 육수를 부어 말아먹기도 한다.
- 쟁반막국수는 오이, 깻잎, 당근 등의 채소를 섞어서 양념장으로 비빈 국수이다.

5. 전라도

전라도는 땅과 바다, 산에서 산물이 고루 나고 많은 편이어서 재료가 아주 다양하고 음식에 특히 정성을 많이 들인다. 전주, 광주, 해남은 부유한 토반(土班)이 많아 가문의 좋은 음식이 대대로 전수되는 풍류와 맛의 고장이다. 기후가 따뜻하여 젓갈류와 고춧가루 양념을 많이 사용하여 음식이 맵고 짜며 자극적이다. 전라도에서는 김치를 지라고 하는데 배추로 만든 백김치를 반지(백지)라고 한다. 무, 배추뿐 아니라 갓, 파, 고들빼기, 무청 등으로도 김치를 담근다. 다른 지방에 비하여 젓갈과 고춧가루를 듬뿍 넣는데 전라도 고추는 매우면서도 단맛이 나며, 멸치젓, 황석어젓, 갈치속젓 등의 젓갈을 넣는다. 김치는 돌로 만든 확독에, 불린 고추와 양념을 으깨고 젓갈과 식은 밥이나 찹쌀풀을 넣고 걸쭉하게 만들어 절인 채소를 넣고 한데 버무린다.

▶ **전라도**

- 전라도는 추자도 멸치젓, 낙월도 백하젓, 함평 병어젓, 고흥 진석화젓, 여수 전어밤젓, 영암 모치젓, 강진 꼴뚜기젓, 무안 송어젓, 옥구의 새우알젓, 부안의 고개미젓, 뱅어젓, 토화젓, 참게장, 갈치속젓 등이 있다.
- 부각은 자반이라고도 하는데 가죽나무의 연한 잎을 모아 고추장을 넣은 찹쌀풀을 발라서 가죽자반을 하고, 김, 깻잎, 깻송이, 국화잎 등은 찹쌀풀을 발라서 말리고, 다시마는 찹쌀밥풀을 붙여서 말린다.
- 전주비빔밥은 돌솥이 아니라 유기 대접에 담았다.
- 전주콩나물밥은 콩나물국에 밥을 넣고 끓여 새우젓으로 간을 맞춘 국밥이다.

6. 경상도

경상도는 남해와 동해에 좋은 어장이 있어 해산물이 풍부하고, 경상남북도를 크게 굽어 흐르는 낙동강의 풍부한 수량이 주위에 기름진 농토를 만들어 농산물도 넉넉하다. 이곳에서는 고기라고 하면 바닷고기를 가리키며 민물고기도 많이 먹는다. 음식이 대체로 맵고 간이 센 편으로 투박하지만 칼칼하고 감칠맛이 있다. 음식에 지나치게 멋을 내거나 사치스럽지 않고 소담하게 만들지만 방앗잎과 산초를 넣어 독특한 향을 즐기기도 한다. 싱싱한 바닷고기로 회도 하고 국도 끓이며, 찜이나 구이도 한다. 곡물 음식 중에서는 국수를 즐기나, 밀가루에 날콩가루를 섞어서 반죽하여 홍두깨나 밀대로 밀어 칼로 썬 칼국수도 즐겨 먹는다.

▶ **경상도**

- 진주비빔밥은 화반(花盤)이라고도 하며 채소를 데쳐서 바지락을 다져 넣고 선짓국을 곁들인다.
- 미더덕찜과 아귀찜은 마산이 유명하다. 미더덕은 멍게인 우렁쉥이와 비슷한 맛이 나는데 찜이나 찌개에 넣는다. 미더덕을 채소와 함께 매운 양념으로 끓이다가 찹쌀풀을 넣어 만든다. 아귀는 무섭고 흉하게 생겼는데 살이 희고 담백하며 꼬들꼬들하다. 토막낸 아귀에 콩나물과 미나리를 넣고 아주 맵게 양념하여 아귀찜을 만든다.
- 안동식혜는 찹쌀을 삭힐 때 고춧가루를 풀어서 붉게 물들이고 건지로 무를 잘게 썰어 넣는다. 시큼하면서 달고 톡 쏘는 맛이 아주 독특하다.

7. 제주도

제주도는 아주 척박하고 험한 곳이어서 조선시대에 어떤 이가 귀양 가서 "가장 괴로운 것은 조밥이요, 가장 두려운 것은 뱀이요, 가장 슬픈 것은 파도 소리다." 하고 지은 글이 있다. 예전에 제주도는 해촌, 양촌, 산촌으로 구분되어 있었는데, 양촌은 평야 식물지대로 농업을 중심으로 생활한 곳이었고, 해촌은 해안에서 고기를 잡거나 해녀로 잠수업을 하고, 산촌은 산을 개간하여 농사를 짓거나 한라산에서 버섯, 산나물, 고사리 등을 채취하여 생활하던 곳이었다. 쌀은 거의 생산되지 않고 콩, 보리, 조, 메밀, 고구마가 많이 나고, 감귤과 전복, 옥돔이 가장 널리 알려진 특산물이다. 음식에도 어류와 해초를 많이 쓰며, 된장으로 맛을 내는 것을 좋아한다. 음식을 많이 장만하지 않고 양념도 적게 쓰며, 간은 대체로 짜게 하는 편이다.

▶ **제주도**

- 자리돔은 제주도 근해에서 잡히는 검고 작은 돔으로 여름철이 제철인데 비늘은 손질하여 토막을 내고 부추, 미나리를 넣고 된장으로 무쳐서 물을 부어 물회로 한다. 식초, 유자즙, 산초를 넣어 신맛을 낸다.
- 옥돔은 분홍빛의 담백하면서도 기름진 물고기로 맛이 아주 좋다. 싱싱한 옥돔에 미역을 넣어 국을 끓인다.
- 갈치는 토막을 내어 늙은호박을 넣고 국을 끓이면 은색 비늘과 기름이 둥둥 뜨는데 아주 좋다.
- 전복은 회도 하지만, 불린 쌀을 참기름으로 볶다가 전복의 싱싱한 푸른빛 내장을 함께 섞고 물을 부어 끓인 다음 얇게 썬 살을 넣어 전복죽을 끓이면 색도 파릇하고 향이 특이하면서 아주 맛있다.

8. 황해도

북쪽 지방의 곡창지대인 연백평야와 재령평야는 쌀과 잡곡 생산량이 많고 질도 좋다. 특히 조를 섞어서 잡곡밥을 많이 해 먹는다. 곡식의 종류도 많고 질이 좋으며 이 양질의 가축사료 덕에 돼지고기와 닭고기의 맛이 독특하다. 해안지방은 조석간만의 차가 크고 수온이 낮으며 간석지가 발달해 소금이 많이 난다. 황해도는 인심이 좋고 생활이 윤택한 편이어서 음식을 한번에 많이 만들고, 음식에 기교를 부리지 않으며 맛이 구수하면서도 소박하다. 송편이나 만두도 큼직하게 빚고, 밀국수도 즐겨 만든다. 간은 별로 짜지도 싱겁지도 않으며, 충청도 음식과 비슷하다.

▶ **황해도**

- 남매죽은 팥을 무르게 삶아 찹쌀가루를 넣고 팥죽을 끓이다가 밀가루로 만든 칼국수를 넣고 끓이는 죽이다.
- 승가기탕(勝佳妓湯)은 서울의 도미국수와 같은 것으로 맛이 절가(絕佳)하다고 하여 승가지라 한다.

9. 평안도

평안도는 동쪽은 산이 높아 험하지만 서쪽은 서해안에 면하여 해산물도 풍부하고 평야가 넓어 곡식도 많이 난다. 음식도 먹음직스럽게 크게 만들고 푸짐하게 많이 만든다. 크기를 작게 하고 기교를 많이 부리는 서울 음식과 매우 대조적이다. 곡물 음식 중에는 메밀로 만든 냉면과 만두 등 가루로 만든 음식이 많다. 겨울이 특히 추운 지방이어서 기름진 육류 음식도 즐기고 밭에서 나는 콩과 녹두로 만든 음식도 많다. 음식의 간은 대체로 심심하고 맵지 않다. 평안도 음식으로 가장 널리 알려진 것은 냉면과 만두, 녹두빈대떡 등이다. 지금은 전국 어디에서나 사철 냉면을 먹을 수 있지만 추운 겨울에 먹어야 제맛이라고 한다.

▶ **평안도**

- 굴림만두는 껍질 없이 만두소를 둥글게 빚어서 밀가루에 여러 번 굴려 껍질 대신 밀가루옷을 입힌다. 만두피로 빚은 것보다 훨씬 부드럽고 맛있다.
- 어복쟁반은 화로 위에 커다란 놋쇠 쟁반을 올려놓고 쇠고기 편육(양지머리, 유설, 업진, 유통살, 지라 등), 삶은 달걀과 메밀국수를 한데 돌려 담고 육수를 부어 끓인다.

10. 함경도

함경도는 백두산과 개마고원이 있는 험한 산간지대가 대부분이다. 동쪽은 해안선이 길고 영흥만 부근에 평야가 조금 있어 밭농사를 많이 한다. 특히 콩의 품질이 뛰어나고 잡곡 생산량이 많아 기장밥, 조밥 등 잡곡밥을 많이 짓는다. 명태, 청어, 대구, 연어, 정어리, 넙치 등 어종이 다양하다. 감자, 고구마도 질이 우수하며 이것으로 녹말을 만들어 여러 음식에 쓴다. 녹말을 반죽하여 국수틀에 넣고 빼서 냉면을 만들기도 한다. 음식의 간이 싱겁고 담백하나 고추와 마늘 등의 양념을 많이 쓰기도 한다.

▶ 함경도

- 회냉면은 감자녹말로 반죽하여 삶아서 매운 양념으로 무친 가자미(홍어회, 명태회)를 위에 얹는다고 한다.
- 가릿국은 고깃국에 밥을 만 탕반의 일종으로 사골과 양지머리로 육수를 만들고 삶은 고기는 가늘게 찢는다.
- 가자미식해는 가자미를 씻어 소금에 절여 꾸득꾸득 말려 토막을 낸다. 조밥, 굵게 채썬 무를 절여서 물기를 짜고 가자미와 합하여 고춧가루, 다진 파와 마늘, 생강을 넉넉히 넣고 엿기름물을 같이 버무린다.

제2부

한국음식 이론

제1장 한식 위생관리

제2장 한식 안전관리

제3장 한식 재료관리

제4장 한식 구매관리

제5장 한식 기초 조리실무

한식 위생관리

위생관리 : 식품과 조리과정, 식품첨가물과 이에 관련된 기구 및 용기, 포장의 제조가공에 관한 위생관리 및 음료수 처리, 쓰레기, 분뇨, 하수와 폐기물 처리, 공중위생, 접객업소와 공중이용시설 및 위생용품의 위생관리에 관련한 업무

1. 개인 위생관리

1) 위생관리 필요성	식중독 예방 및 식품위생법 및 행정처분 강화, 안전한 먹을거리로 상품 가치를 높이고 청결한 이미지로 고객만족과 영업이익 확대, 브랜드 가치 상승	
2) 개인 위생관리	– 손씻기의 생활화: 식품 취급 시 비누 사용 후 역성비누 사용 – 영업 시작 전에 건강진단 받기. 단 완전포장된 식품이나 식품첨가물 운반, 판매자 제외 – 감염성 질환이나 노출 부위 피부염증 질환 시 일하지 않도록 한다.	
	제1군 감염병	콜레라, 장티푸스, 파라티푸스, 세균성이질, 장출혈성대장균감염, A형감염
	제2군 감염병	디프테리아, 백일해, 파상풍, 홍역, 유행성이하선염, 풍진, 폴리오, B형간염, 일본뇌염, 수두, 폐렴구균, B형 헤모필루스인플루엔자
	제3군 감염병	말라리아, 감염성결핵, 한센병, 성홍열, 발진티푸스, 발진열, 쯔쯔가무시증, 렙토스피라증, 탄저병, 공수병, 후천성면역결핍증, 매독
	제4군 감염병	페스트, 황열, 뎅기열, 바이러스성 출혈열, 두창, 신종인플루엔자, 야토병, 큐열 등

2. 식품 위생관리

정의	세계보건기구(WHO): 식품의 생육, 생산, 제조, 유통과정, 최종 사람이 섭취하기까지의 모든 수단에 대한 위생 식품위생법: 식품, 식품첨가물, 기구 또는 용기, 포장까지 음식에 관한 위생
목적	식품에 의한 위생상의 위해 방지 식품에 대한 올바른 정보를 제공하여 국민보건 증진 식품영양의 질적 향상
행정 기구	식품의약품안전처: 식품위생 행정업무 총괄, 지휘, 감독 질병관리본부: 각종 질병의 원인 규명 및 진단법, 백신 등에 관한 연구 및 보건 · 복지분야 종사자 교육 시군구의 보건 · 위생과: 식품위생 감사원 배치, 일선업무 시 · 도 보건연구원: 식품의 위생검사 보건소: 관할 업장 종사자 건강진단 및 위생교육, 식중독 발생보고 및 역학조사

1) 미생물의 종류와 특성

미생물은 사람에게 해를 끼치는 병원성과 무해한 비병원성(예: 장류나 양조관련 미생물)으로 나뉜다.

(1) 미생물의 종류

종류	특징
곰팡이 (Filamentous fungi)	발효식품이나 항생물질에 유익하게 사용되기도 한다. (누룩곰팡이, 푸른곰팡이 등) 균사체로 포자로 증식하고 건조한 상태에서도 증식이 가능하다.
효모 (Yeast)	구형이나 타원형으로 출아법으로 증식, 양조나 제빵 등에 사용한다. 세균과 만나면 음식을 변패시킨다.
스피로헤타 (Spirochaeta)	나선형의 단세포와 다세포의 중간형태, 매독균, 회귀열균 등이 있다.
세균 (Bacteria)	구균, 간균, 나선균, 대장균 등이 있으며 2분법으로 증식한다. 대장균은 식품위생 지표균으로 오염정도를 표시한다.
리케차 (Rickettsia)	세균과 바이러스의 중간 형태. 살아 있는 세포에서 이분법으로 증식. 발진티푸스, 양충병, 큐열 등을 일으킨다.
바이러스 (Virus)	미생물 중 가장 작아 여과지도 통과하며 살아 있는 세포에서만 증식

(2) 미생물의 생육조건

조건	특징	
수분	생육을 위해 꼭 필요하며 수분활성도(Aw)로 표시 세균: 0.90~0.95, 효모: 0.88, 곰팡이: 0.65~0.80	
온도	저온균(15~20℃)	대부분 저장식품의 부패균으로 곰팡이나 수생균
	중온균(25~37℃)	대부분이 병원균으로 식품의 부패균, 곰팡이, 세균, 효모
	고온균(50~60℃)	온천수에서 생육, 바실러스속, 클로스트리디움 일부
영양소	미생물의 생육에 꼭 필요하며 탄수화물류와 같은 탄소원, 단백질과 같은 질소원, 무기염류 등이 필요하다.	
수소이온 농도(pH)	곰팡이와 효모의 최적 pH는 4.0~6.0의 약산성이고 세균의 최적 pH는 6.5~7.5의 중성이나 약알칼리성이다.	
산소	호기성	산소가 있어야 생육 가능한 것으로 곰팡이, 효모, 식초균 등
	혐기성	편성혐기성: 산소가 없어야 생육하는 것으로 보툴리누스균, 파상풍, 웰치균 등이 있다. 통성혐기성: 산소 유무에 상관없이 생육하는 것으로 젖산균이 있다.
• 미생물의 3대 생육조건: 수분, 영양소, 온도		

2) 식품과 기생충병

식품	기생충	특징
채소류	회충	분변으로 오염된 식품 섭취로 인한 경구감염. 우리나라에서 가장 많이 발생한다. 구토, 소화장애, 발열 등의 증상
	요충	경구감염, 집단감염, 항문 주위에 산란하여 가려움증 유발. 수면장애, 두통, 현기증 등 유발
	십이지장충	피부를 통한 경피감염과 경구감염. 빈혈, 소화장애, 토식증, 다식증 유발
	편충	생채소를 통한 경구감염
	동양모양선충	경구감염, 경피감염
어패류	간디스토마	왜우렁이 → 민물고기 → 사람
	폐디스토마	다슬기 → 민물게, 가재 → 사람
	고래회충(아니사키스)	바다갑각류 → 해산물 → 고래, 사람
	요코가와흡충(횡천흡충)	다슬기류 → 민물고기(은어, 붕어, 잉어) → 사람, 개, 고양이, 돼지

	광절열두조충 (긴촌충)	물벼룩 → 민물고기(송어, 연어, 농어, 숭어) → 사람, 개, 고양이, 여우
	유구악구충	물벼룩 → 민물고기(가물치, 메기, 뱀장어, 양서류 등) → 사람
육류	무구조충 (민촌충)	소고기를 생식하였을 때 감염
	유구조충 (갈고리촌충)	돼지고기 생것이나 덜 익힌 것을 섭취하였을 때 감염
	선모충	돼지고기, 개고기 생것이나 덜 익힌 것을 섭취하였을 때 감염
	톡소플라스마	돼지, 개, 고양이의 침을 통해 감염
	만손열두조충	뱀, 개구리 등을 생식하였을 때 감염

3) 살균 및 소독의 종류와 방법

(1) 용어정리

용어	정의
멸균	미생물의 살균뿐 아니라 아포(포자)까지 사멸하여 무균상태로 만드는 것
살균	미생물의 세포를 파괴하여 사멸시키는 것
소독	병원성 미생물을 죽이거나 약화시켜 감염 및 증식력을 없애는 것
방부	미생물의 증식을 억제하거나 중지시켜 부패나 발효를 방지하는 것

(2) 물리적 살균 · 소독법

구분	종류	방법
비가열법	자외선	실외소독, 일광소독이라 하고 2,500~2,800Å에서 살균력이 높다.
	방사선	코발트60이나 세슘137 등의 방사선을 사용하며 살균 · 멸균하는 법으로 저온에서도 사용할 수 있다.
	초음파	물속에 초음파를 이용한 진동으로 살균 · 멸균하는 법
	세균여과	여과장치를 이용하여 세균을 걸러내는 방법. 단 바이러스는 걸러지지 않는다.
가열법	화염소각	가열하여 소각하는 방법으로 사용가치가 없는 것에 사용하거나 불꽃으로 20초 이상 태우는 것으로 금속, 도자기류에 사용한다.
	건열법	160~180℃에서 30분~1시간 정도 가열하는 방법으로 유리, 도자기, 금속 등에 사용한다.
	열탕소독 (자비소독)	끓는 물에 15~30분간 가열하는 것으로 식기류나 행주 등의 살균, 소독에 사용한다.

	고압증기	고압수증기(121℃)를 이용해서 15~20분간 살균 · 멸균
	유통증기	100℃ 유통증기에서 30~60분간 가열
	간헐멸균	100℃ 유통증기에서 24시간 간격으로 20~30분간 가열하며 3회 반복 실시한다.
우유 살균	저온살균법	61~65℃에서 30분간 살균
	고온단시간살균법	70~75℃에서 15~30초간 살균
	초고온순간살균법	130~150℃에서 0.5~5초간 살균

(3) 화학적 소독법

소독약	특징
염소(Cl) 차아염소산나트륨	• 채소, 과일, 식기에 사용. 농도는 50~100ppm으로 사용 • 수돗물 소독에 사용. 잔류염소 0.2ppm으로 사용
석탄산 (페놀)	• 하수도, 진개, 분뇨 등의 소독에 사용 • 3~5% 수용액을 사용하며 냄새가 강하고 금속을 부식시킬 수 있다. • 살균력이 강하고 피부에 자극을 줄 수 있다. • 살균력 지표로 석탄산계수 사용(소독약의 희석배수/석탄산의 희석배수)
역성비누 (양성비누)	• 채소, 과일 소독에 사용하며 원액을 0.01~0.1% 희석하여 사용 • 식기와 손소독에는 10% 수용액으로 사용하고 손소독 시에는 비누로 오염물을 씻어내고 사용한다.
과산화수소	• 3% 수용액을 사용하며 상처 소독에 사용
알코올	• 70% 에탄올을 사용하고 피부, 기구 소독에 사용
크레졸비누액	• 화장실이나 하수도 등의 오물소독과 손소독에 사용 • 3% 수용액 사용
표백분(클로로칼키)	• 음료수, 우물, 수영장, 채소, 식기 소독에 사용
생석회	• 화장실, 하수도, 진개 등의 오물 소독
오존	• 산소를 발생시켜 살균하며 수중에서도 사용

4) 식품의 위생적 취급기준

(1) 식자재의 위생관리

구분	취급방법
입출고 시	• 물품목록 기록과 비교하고 신선도, 품질, 수량 등을 확인한다. • 모든 식자재에 라벨링이되어 있고 유통기한, 제조일자, 원산지 표시 등을 확인한다. • 운반차량의 내부 온도 확인(냉장 0~10℃, 냉동 −18℃ 이하) • 검수가 진행되는 동안 교차오염이 일어나지 않도록 한다. • 품질 유지를 위해 냉동식품, 냉장식품, 채소류, 공산품의 순서로 진행한다.
보관 시	• 식자재 라벨에 표시된 방법으로 보관한다. • 유통기한이 지난 식재료는 폐기하도록 한다. • 식재료 적재 시 벽과 바닥으로부터 일정 간격을 띄운다.
식자재 취급 시	• 식재료는 유통기한이 경과된 것, 보존상태가 나쁜 것은 저렴해도 구입하지 않는다. • 냉장식품의 비냉장상태, 냉동식품은 해동흔적, 통조림은 찌그러짐, 팽창이 있어서는 안 된다. • 식재료는 반드시 재고수량을 파악한 후 적정량을 구입한다. • 보존한 식품은 선입선출(FIFO: First In, First Out) 방식으로 사용하고, 판매 유효기간이 지난 상품은 반드시 버리고, 판매 유효기간 내에 있더라도 신선도가 떨어지는 것은 세균증식이 진행될 우려가 있으므로 폐기한다. • 식품조리 시 물은 주기적으로 점검 및 관리한다. • 원부재료, 포장지 등은 사용 적합 여부를 판정하기 위한 검사가 필수적으로 이루어지고 그 기록이 유지되어야 한다. • 모니터링에 사용되는 장비는 적절하게 교정하고 관리한다.

(2) 식자재 반품의 판단 기준

식재료 상태	비고
진공포장이 풀리거나 용기가 부풀어 있는 경우	매장에서 보관방법이 잘못된 경우 제외
곰팡이가 생기거나 변색된 경우	매장에서 보관방법이 잘못된 경우 제외
식품포장이 뜯기거나 내용물이 흐른 경우	제품이 불량이거나 배송 시 부주의 반품
유통기한이 지난 경우	배송 시 확인하고 이후 발생은 매장관리 부주의

(3) 위생적인 식품 보관

구분	보관방법
채소류	• 들어온 순서대로 사용하는 선입선출이 기본이며, 사용 후 남은 재료는 신문지나 종이 타월로 감싸고 위생팩이나 뚜껑 있는 용기에 담아 보관한다. • 잎채소류는 냉장 보관하고 뿌리채소는 상온에서 그늘에 보관한다.
과일류	• 종이상자나 바구니 등에 보관하고, 딸기나 베리류는 눌리지 않게 단단한 용기에 보관한다. • 사과는 다른 과일의 숙성을 빠르게 하므로 따로 보관하고 바나나는 상온 보관하며 수박, 멜론과 같은 과일은 꼭지가 마르지 않게 랩으로 싸서 보관한다.
냉장식품류 (육류, 해물류)	• 냉동에 비해 보관기간이 짧다. • 온도 변화가 크지 않도록 하고 개봉한 것은 당일 소비하도록 하고 보관할 경우 랩이나 위생팩으로 포장한다.
냉동식품류 (육류, 해물류)	• 한번 녹인 것은 다시 얼리지 않는다. • 유통기한을 확인하여 사용한다.
건어물류	• 냉동보관을 원칙으로 한다. 한번 사용할 만큼씩 소분하여 밀폐용기에 담아 보관한다.
양념류	• 플라스틱 용기에 보관, 사용하고 습기로 인해 딱딱하게 굳거나 이물질이 섞이지 않도록 뚜껑을 잘 덮어서 보관하도록 한다. 물이 묻은 용기의 사용은 피하도록 한다.
소스류	• 적정 재고량을 보유하고 유통기한을 수시로 체크하도록 한다. • 사용하기에 편리하도록 물기를 제거한 플라스틱 용기에 적정량의 소스를 담는 것이 좋다.
캔류	• 개봉한 캔은 바로 사용하는 것이 원칙이며, 밀폐용기 보관 시 유통기한을 표시하도록 한다.

5) 식품첨가물과 유해물질

(1) 식품첨가물의 정의

식품을 제조 · 가공 또는 보존함에 있어 식품에 첨가 · 혼합 · 침윤의 방법으로 사용하는 물질을 말한다.

(2) 식품첨가물의 사용목적

① **기호성 향상**: 조미료, 산미료, 감미료, 착색료, 착향료, 발색제 등

② **보존성 향상**: 보존료, 살균제, 산화방지제, 품질보존제 등

③ **품질향상**: 유화제, 증점제, 피막제, 광택제 등

④ **영양강화**: 영양강화제

⑤ **제조과정**: 제조용제, 소포제, 양조용제, 발효조정제, 효소 등

⑥ **기타**: 팽창제, 고결방지제, pH 조정제, 껌베이스 등

(3) 식품첨가물의 사용조건

① 인체에 해가 없고 안정성이 입증된 것

② 소량으로 사용 목적을 달성할 수 있을 것

③ 식품 고유의 품질에 영향을 미치지 않을 것

④ 화학적 분석을 통해 첨가물을 확인할 수 있을 것

⑤ 사용법이 간편하고 경제적으로 소비자에게 이익을 줄 것

⑥ 식품의 외관을 좋게 할 것

(4) 식품첨가물의 종류

① 기호도 향상

용도	종류
감미료	• 식품의 단맛을 내기 위해 사용한다. • 천연감미료: 토마틴, 스테비아, 감초, 자일로스 • 인공감미료: 물에 잘 녹는 수용성이며 칼로리가 없다. 사카린, 아스파탐, 소르비톨, 만니톨 등이 있다.
산미료	• 식품에 신맛을 내기 위해 사용한다. • pH 조정, 보존, 항산화작용도 한다. • 주석산, 구연산, 젖산, 사과산, 초산, 푸마르산, 빙초산 등이 있다.
조미료	• 본래의 맛을 강화하거나 사람들의 기호도를 높이기 위해 사용한다. • 핵산계 조미료: 이노신산나트륨, 구아닐산나트륨 • 아미노산계 조미료: 글루탐산나트륨(MSG), 알라닌, 글리신 • 유기산계 조미료: 주석산나트륨, 구연산나트륨, 사과산나트륨, 호박산나트륨, 젖산나트륨
발색제	• 식품 중 색소성분과 반응하여 색을 보존하고 선명하게 한다. • 육류 발색제: 어육 햄, 소시지 등의 식육제품에 색을 내기 위해 사용. 아질산나트륨, 질산나트륨, 질산칼륨 • 식물발색제: 채소, 과일의 변색을 방지하기 위해 사용 황산제1철, 황산제2철, 소명반

착향료	• 식품 본래의 향을 강화하거나 제거하는 등의 변화를 통해 기호도를 높인다. • 천연착향료: 아민계, 지방산, 레몬유, 에스테르류, 알코올류 • 합성착향료: 인공향료, 순수 합성향료 • 기타: 계피알데히드, 멘톨, 바닐린
표백제	• 식품의 제조 가공 시 갈변이나 색의 변화를 방지하기 위해 사용 • 산화형 표백제: 과산화수소, 차아염소산나트륨 • 환원형 표백제: 메타중아황산칼륨, 무수아황산, 산성아황산나트륨, 차아황산나트륨

② 보존성 향상

분류	용도 및 종류
보존료 (방부제)	• 식품의 미생물 생육을 억제하여 부패방지와 선도유지, 영양가 손실을 방지하기 위해 사용 • 데히드로초산, 소르빈산, 안식향산나트륨, 프로피온산, 프로피온산나트륨, 프로피온산칼륨
살균제 (소독제)	• 식품 내 부패 원인균이나 병원균을 사멸하기 위해 사용 • 차아염소산나트륨, 고도표백분, 에틸렌옥사이드
산화방지제	• 식품의 유지성분이 공기와 접촉하여 일어나는 산화를 방지하기 위해 사용 • 색소의 산화방지: 에리소르빈산 • 유지 산화방지: 디부틸히드록시톨루엔(BHT), 부틸히드록시아니솔(BHA) • 천연항산화제: 비타민 C, L–아스코르빈산나트륨, 비타민 E

③ 품질유지 및 향상

분류	용도 및 종류
유화제 (계면활성제)	물과 기름처럼 잘 섞이지 않는 액체를 혼합, 분산시켜 안정화되게 사용 글리세린지방산에스테르, 대두인지질(레시틴), 난황(레시틴)
밀가루 개량제	제분 후 밀가루의 산화로 인해 표백, 숙성되는 것을 단축하기 위해 사용 과산화벤조일, 과황산암모늄, 이산화염소, 브롬산칼륨 등
품질개량제	식품의 탄력성, 보습성, 팽창성 유지를 위해 식육이나 어육으로 연제품 제조 시 인산염류를 사용한다.
피막제	과실류나 채소류에 피막을 형성하여 호흡작용을 억제하고 수분 증발을 막아 저장성을 높이기 위해 사용한다. 몰포린지방산염, 초산비닐수지
호료 (증점제, 안정제)	식품에 점착성 증가와 식품의 형체 보존, 유화의 안정성 등 기호도를 높이기 위해 사용 알긴산나트륨, 카세인, 한천, 카세인산나트륨, 글루텐

이형제	제빵과정에서 빵반죽이 기구에서 잘 분리되게 하기 위해 사용한다. 유동파리핀

④ 식품 제조 및 가공

분류	용도 및 종류
팽창제	제과 제빵 등의 과정에서 반죽이 잘 부풀게 하고 조직을 향상시켜 적당한 형태를 유지하기 위해 사용한다. 효모, 탄산수소나트륨, 명반
소포제	식품 제조 시 거품이 생성되는 것을 방지하기 위해 사용한다. 규소수지
껌기초제	껌의 탄력성과 점성을 부여한다.
추출제	식용유지를 제조할 때 유지 추출을 쉽게 하기 위해 사용된다. N–헥산
용제	천연물의 성분이나 식품첨가물 등을 식품에 균일하게 혼합하기 위해 사용한다. 프로필렌글리콜, 글리세린, 글리세린지방산에테르, 헥산
방충제	곡류를 저장할 때 곤충유입 방지를 위해 사용한다. 피페로닐부톡사이드

(5) 유해물질 방지

- 공장에서 폐수처리장을 설치하여 배출허용기준에 맞게 방류한다.
- 농약은 적정량을 사용하고 수확 전 일정기간 내에 사용하지 않으며 최종수확물의 잔류량 확인
- 분해되기 쉬운 연성세제를 사용하고 분해가 어려운 경성세제는 사용을 억제한다.

3. 주방 위생관리

1) 주방위생 위해요소

(1) 조리기구의 위생관리

기구	위생관리
칼	• 조리 중에는 칼을 갈지 않는다. • 자외선 살균기나 전용칼집에 보관한다. • 사용 후 중성세제로 세척한 다음 락스로 희석하여 세척한 후 100℃ 물에 열탕소독하여 건조한 후 보관
도마	• 채소용, 어패류용, 육류용 등으로 구분하여 사용한다. • 사용 후 세제와 락스를 희석하여 세척한 후 80℃ 물에 열탕소독하거나 200ppm의 차아염소산나트륨 용액에 5분간 담가 세척하여 일광 건조한 후 보관하거나 자외선살균기에서 건조 후 세워서 보관
식기	• 중성세제로 깨끗이 닦아 건조 후 보관
행주	• 뜨거운 물에 담가 1차 세척하고 식품용 세제로 씻어 깨끗한 물로 헹군다. • 면 소재로 된 것을 사용하고 마른행주와 젖은 행주를 구분하여 사용한다. • 100℃에서 5분 이상 끓여서 자비 소독하여 건조 후 사용한다. • 의류용 세제에는 형광염료가 함유되어 있으므로 식품에 사용하지 않도록 한다.
조리기구 및 설비	• 설비 본체 부품을 분해하여 뜨거운 물로 1차 세척하고 세제를 묻힌 스펀지로 닦은 다음 흐르는 물로 씻는다. • 설비부품은 뜨거운 물에 5분간 담근 후 세척하거나 200ppm의 차아염소산나트륨 용액에 5분간 담근 후에 세척하여 완전히 건조시킨 후 재조립한다. • 분해할 수 없는 설비는 지저분한 곳을 제거한 후 청결한 행주나 위생타월로 물기를 제거한 후에 소독용 알코올을 분무한다. • 설비를 사용하기 전에는 설비 표면이 촉촉해질 정도로 소독용 알코올로 재차 분무한 후 알코올 성분이 제거된 뒤 사용한다.

(2) 주방시설 및 설비 위생

시설	위생관리
냉동 · 냉장	• 세균증식이 어려운 환경이지만 식자재와 음식물의 출입이 빈번하여 세균침투와 교차오염이 우려되는 공간이다. • 냉장 · 냉동고는 주 1회 이상 세척 및 살균한다. • 식자재와 음식물이 직접 닿는 랙(rack)이나 내부 표면, 용기는 매일 세척 · 살균한다.

상온창고	• 적재용 깔판, 팰릿(palette), 선반, 환풍기, 창문방충망, 온습도계 등을 관리한다. • 진공청소기로 바닥의 먼지를 제거하고 대걸레로 바닥을 청소한 후 자연 건조한다. • 선반은 위쪽에 가벼운 것, 아래쪽에 무거운 것을 둔다. • 선입선출(FIFO) 원칙을 준수한다. • 3정 5S 원칙(정리, 정돈, 청소, 청결, 습관화)에 따라 소모품은 각각 제 위치에 정리정돈한다. • 식자재는 품목별로 두어 관리가 쉽도록 한다.
화장실	• 화장실의 손 씻는 세면대에서는 손만 씻지 말고 용모와 복장도 확인한다. • 바닥 타일에 균열이 가거나 떨어진 것은 없어야 한다. • 유리창, 벽면, 천장, 스틸 새시, 조명등, 환기팬 등에 먼지 등이 쌓이지 않도록 한다. • 비누와 함께 손을 말릴 수 있는 일회용 타월이나 손드라이어를 설치한다. • 방향제, 변기 세척제 등을 구비한다.
청소도구	• 청소용 빗자루, 걸레 등을 아무데나 방치해서는 안 되며 청소 후에는 깨끗이 세척하고 건조하여 지정된 장소에 보이지 않도록 보관한다. • 청소도구는 식품을 준비하는 곳과 분리된 곳에 보관한다. • 불결하고 비위생적인 청소도구는 효과적인 세척이 어렵다. • 쓰레기통은 세제로 세척 후 락스로 헹궈서 건조한다.
기물	• 조리원이 근무하는 주방공간에 설치된 장비나 기물은 항상 청결한 상태를 유지해야 하고 정기적인 세척이 필요하다. • 주방설비는 제작사마다 모델이 다르기 때문에 구입 시 반드시 작동 매뉴얼과 세척을 위한 설명서를 확보한다.
배수로	• 하부에 부착된 찌꺼기까지 철저히 청소하지 않으면 하수구에서 악취가 유발되거나 하루살이 등 해충이 발생하고 심지어 쥐의 이동통로가 되므로 주기적으로 확인한다. • 특히 배수로 설계 및 설치가 잘못된 경우 무거운 중량물을 옮길 때 파손되는 경우가 많다. • 실내 배수구와 실외 배수구가 연결된 곳은 방수장치를 한다.
배기후드	• 청소하기 전에 배기후드 하부 조리장비에 먼지나 이물이 떨어지지 않도록 비닐로 덮는다. • 배기후드 내의 거름망을 분리하여 세척제에 불린 후 세척하고 헹군다. • 부드러운 수세미에 세척제를 묻혀 배기후드의 내부와 외부를 닦는다. • 세척제를 잘 제거한 후 마른 수건으로 닦고 건조한다. • 월 2회 가성소다를 이용하여 기름때를 청소한다.
바닥	• 건조한 상태를 유지하도록 한다. • 물을 뿌려 청소하는 경우 일정한 경사가 있어야 한다. • 기름때가 있을 경우 가성소다를 묻혀 1시간 후 솔로 닦고 헹군다.

(3) 방충 · 방서 및 소독

구분	내용
물리적 방역	해충의 서식지를 제거하거나 유입하지 못하도록 시설 및 환경을 개선한다.
화학적 방역	약제를 살포하여 해충을 구제하는 방법으로 단시간에 효과적이고 경제적이다. 독성이 강하기 때문에 관리에 주의해야 한다.
생물학적 방역	천적생물을 이용하는 방법으로 해충의 서식지를 제거한다.

2) 식품안전관리인정기준(HACCP)

(1) HACCP의 정의 및 필요성과 효과

구분	내용
용어적 정의	위해요소분석(Hazard Analysis) + 중요관리점(Critical Control Point)
정의	식품의 원재료부터 제조, 가공, 보존, 유통, 조리단계를 거쳐 최종소비자가 섭취하기 전까지의 각 단계에서 발생할 우려가 있는 위해요소를 규명하고, 이를 중점적으로 관리하기 위한 중요관리점을 결정하여 자율적이며 체계적이고 효율적인 관리로 식품의 안전성을 확보하기 위한 과학적인 위생관리체계라고 할 수 있다.
필요성	• 최근 세계적으로 대규모화되고 있는 식중독사고 발생에 대한 위해미생물과 화학물질 등의 제어에 대한 중요성 대두 • 새로운 위해 미생물의 출현 • 환경오염에 의한 원료의 이화학적 · 미생물학적 오염 증대 • 새로운 기술에 의해 제조되는 식품의 안전성 미확보 • 국제화에 대응한 식품의 안전대책 강화요구(규제기준 조화) • 규제완화에 의한 사후관리 강화 • 정부의 효율적 식품위생 감시 및 자율관리체제 구축에 의한 안전식품 공급 • 식품의 회수제도, 제조물배상제도 등 소비자 보호정책에 적극적인 대처 • 제조공정에서 위해예방과 관련되는 중요관리점을 실시간 감시하는 시스템으로 발전
도입효과	• HACCP은 안전한 식품을 생산하기 위해 논리적이고 명확하며 체계적인 과학성을 바탕으로 제품을 생산함으로써 식품의 안전성에 높은 신뢰성을 줄 수 있다. • HACCP은 위해를 사전에 예방할 수 있다. • HACCP은 문제의 근본원인을 정확하고 신속하게 밝힘으로써 책임소재를 분명히 할 수 있다. • HACCP은 원료에서 제조, 가공 등의 식품공정별로 모두 적용되므로 종합적인 위생대책 시스템이다. • 일단 설정된 이후에도 계속 수정, 보완이 가능하므로 안전하고 더 좋은 품질의 식품개발에도 이용할 수 있다.

(2) HACCP의 7원칙 12절차

구분	내용
준비단계의 5절차	1. HACCP팀을 구성한다. 최고경영자, 현장 핵심직원 등이 참여
	2. 제품설명서를 작성한다.
	3. 해당 식품의 의도된 사용방법 및 소비자를 파악한다.
	4. 공정단계를 파악하고 공정흐름도를 작성한다. 업소에서 직접 관리하는 원료의 입고에서부터 완제품의 출하까지 모든 공정
	5. 작성된 공정흐름도와 평면도가 현장과 일치하는지 검증한다. 공정별 각 단계를 직접 확인하면서 검증
기본단계인 7원칙	1. 위해요소분석을 수행한다, 제품설명서에서 원 · 부재료별로, 그리고 공정 흐름도에서 공정/단계별로 구분하여 실시
	2. 해당 제품의 원료나 공정에 존재하는 잠재적인 위해요소를 관리하기 위한 중점관리요소를 결정한다.
	3. 중점관리요소에서 취해져야 할 예방조치에 대한 한계기준을 설정한다.
	4. 중점관리요소를 효율적으로 관리하기 위한 모니터링 체계를 수립한다.
	5. 식품으로 인한 위해요소가 발생하지 않도록 조치한다.
	6. HACCP 시스템이 안전하게 운영되고 있는지를 확인하기 위한 검증절차를 설정한다.
	7. HACCP체계를 문서화하는 기록유지 방법을 설정한다.

(3) 식품안전관리인증기준 대상 식품

① 수산가공식품류의 어육가공품류 중 어묵 · 어육소시지

② 기타 수산물가공품 중 냉동 어류 · 연체류 · 패류 · 갑각류 · 조미가공품

③ 냉동식품 중 피자류, 만두류, 면류

④ 과자류, 빵류 또는 떡류 중 과자 · 캔디류 · 빵류 · 떡류

⑤ 빙과류 중 빙과

⑥ 음료류[다류(茶類) 및 커피류는 제외한다]

⑦ 레토르트식품

⑧ 절임류 또는 조림류의 김치류 중 김치배추를 주원료로 하여 절임, 양념혼합과정 등을 거쳐 이를 발효시킨 것이거나 발효시키지 아니한 것 또는 이를 가공한 것에 한한다.

⑨ 코코아 가공품 또는 초콜릿류 중 초콜릿류

⑩ 면류 중 유탕면 또는 곡분, 전분, 전분질 원료 등을 주원료로 반죽하여 손이나 기계 따위로 면을 뽑아내거나 자른 국수로서 생면 · 숙면 · 건면

⑪ 특수용도 식품

⑫ 즉석섭취 · 편의식품류 중 즉석섭취식품

⑫의2 즉석섭취 · 편의식품류의 즉석조리식품 중 순대

⑬ 식품제조 · 가공업의 영업소 중 전년도 총 매출액이 100억 원 이상인 영업소에서 제조 · 가공하는 식품

※ 떡류의 경우로서 해당 떡류의 2013년 매출액이 1억 원 이상이고 종업원 수가 10명 이상인 영업소에서 제조 · 가공하는 떡류(2017년 12월 1일부터 시행)

3) 작업장 교차오염 발생요소

(1) 교차오염의 개념

① 교차오염이란 오염되지 않은 식재료나 음식이 오염된 식재료 및 기구, 종사자와의 접촉으로 인해 미생물이 혼입되어 오염된 것을 말한다.

② 식품을 다루는 종사자의 위생이 좋지 않은 경우 질병의 원인이 되는 미생물이 음식물에 교차오염될 수 있다.

③ 음식을 직접 조리하는 종사자와 영양사는 물론이고 간접 접촉자인 식품납품업자의 개인위생관리도 철저히 이루어져야 한다.

(2) 교차오염 방지하기

① 작업구역을 일반작업 · 청결작업 구역으로 분리한다.

② 칼, 도마 등의 기구나 용기는 용도별로 구분하여 사용하고 보관한다.

③ 세척 용기는 어 · 육류, 채소류로 구분하여 사용하고, 사용 전후 충분히 세척 · 소독한 후에 사용한다.

④ 교차오염 방지를 위해서는 행주, 바닥, 생선 취급 코너에서의 집중적인 위생관리가 필요하다.

⑤ 작업은 바닥에서 60cm 이상에서 실시하고 바닥의 오염된 물이 튀어 들어가지

않게 한다.

⑥ 식품 취급 전 반드시 손을 세척 · 소독하며, 고무장갑을 착용하고 작업하는 경우에는 손과 같은 수준으로 관리한다.

⑦ 전처리하지 않은 식품과 전처리된 식품은 분리하여 보관한다.

⑧ 전처리에 사용하는 물은 반드시 먹는 물을 사용한다.

4. 식중독 관리

1) 식중독 개요

구분	내용	
식중독의 정의	식품의 섭취로 인해 인체에 유해한 미생물 또는 유독물질에 의하여 발생하였거나 발생한 것으로 판단되는 감염성 또는 독소형 질환을 말한다.	
식중독 발생 시 신고	보고 및 신고	발생 보고: 보건소(위생과) → 시 · 군 · 구 → 시 · 도, 식약처 발생 신고: 집단급식소 · 의사(의무신고), 의심환자 · 음식점(자율신고) → 보건소 시장 · 군수 · 구청장 → 식중독 보고 · 관리 시스템에 등록 · 보고 → 유관기관에 발생 사실 동시 전파
식중독 발생 시 신고	정보 제공	보건소 위생과 역학조사팀 구성 → 현장 출동 → 역학조사 실시 환자 등을 대상으로 증상, 섭취 음식물, 장소, 가검물 채취, 설문조사 등을 실시 영업장 시설의 식재료, 칼, 도마, 음용수, 종사자 가검물 등 수거검사를 의뢰한다.
	학교 식중독	식중독 발생 학교와 동일한 식자재를 사용하는 다른 학교에 식재료 사용 중지 등을 신속히 조치한다. 발생보고: 교육청 → 식약처

2) 세균성 식중독

원인균 및 물질		
감염형	살모넬라균	쥐, 바퀴벌레, 파리, 가축, 조류 등에 의한 식품 오염으로 발생 급성위염, 구토, 설사, 오한, 전신권태 등을 일으킨다. 식품을 75℃에서 1분 이상 가열 조리한다.
	장염비브리오균	호염성 세균으로 주로 여름철 어패류나 해조류에 의해 발생 복통, 구토, 설사 등을 일으킨다. 60℃에서 5분 이상 가열 조리한다.

	병원성 대장균	우유, 환자 및 보균자, 동물의 분변에 의해 오염된 식품 섭취로 발생. 두통, 발열, 구토, 설사, 급성위장염 등을 일으킨다.
	캠필로박터균	육류의 생식이나 불충분한 가열로 조리된 식품이나 조류 분변에 오염된 식품으로 발병 복통, 설사, 발열, 구토, 근육통 등을 일으킨다.
	바실러스 세레우스균	토양세균의 일종으로 발생빈도는 낮으나 135℃에서 4시간 가열해도 아포가 살아 있다. 메스꺼움, 구토, 복통, 설사 등을 일으킨다.
	콜레라, 리스테리아 모노사이토제네스, 쉬겔라, 웰치균 등	
독소형	황색포도상구균	식품취급자의 화농성 질환에서 유래된 엔테로도톡신이 원인균으로 설사, 복통, 구토 등을 일으킨다.
독소형	클로스트리디움 보툴리늄	부패하거나 살균되지 않은 통조림에서 유래된 뉴로톡신이 원인균으로 신경마비 증상을 일으킨다.
독소형	클로스트리디움 퍼프린젠스 (웰치균)	돼지, 닭, 칠면조 등을 가공한 식품의 부패로 발병한다. 혐기성균으로 엔테로도톡신을 생성하고 감염형과 독소형의 혼합형이다. 복통, 설사, 구토 등을 일으킨다.
	노로, 로타, 아스트로, 장관아데노, A형 간염, E형 간염, 사포바이러스 등	

3) 자연독 식중독

	원인균 및 물질		
동물성 식중독	복어	테트로도톡신	열에 파괴되지 않고 신경마비를 일으킨다. 난소 〉 간 〉 내장 〉 피부 순으로 독성이 있다.
동물성 식중독	모시조개 바지락, 굴	베네루핀	열에 파괴되지 않고 혈변, 출혈, 혼수상태, 구토 등의 증상이 있다.
동물성 식중독	검은조개 섭(홍합)	삭시톡신	열에 파괴되지 않고 신경마비, 신체마비, 호흡곤란 등의 증상이 있다.
식물성 식중독	독버섯	무당버섯, 미치광이버섯, 화경버섯, 외대버섯 등 무스카린, 콜린, 뉴린, 무스카리딘, 팔린, 아마니타톡신	
식물성 식중독	감자	솔라닌(감자의 싹), 셉신(썩은 감자)	
식물성 식중독	• 청매 – 아미그달린 • 목화씨 – 고시폴 • 시금치 – 옥살산	• 파마자 – 리신 • 독보리 – 테물린 • 대두 – 사포닌	• 독미나리 – 시큐톡신 • 미치광이풀 – 아트로핀 • 쌀, 보리 – 맥각균

4) 화학적 식중독

구분	중독 경로	증상
수은 (Hg)	공장폐수에 오염된 어패류 섭취 시 중독	미나마타병(시력감퇴, 보행곤란, 언어장애와 지각장애, 호흡장애). 심하면 사망에 이른다.
카드뮴 (Cd)	광산에서 유출된 오염수에서 자란 어패류나 농산물을 섭취하여 중독	이타이이타이병(골연화증, 골다공증) 심한 요통과 복통, 신경장애 등
납 (Pb)	통조림의 납땜, 도자기나 법랑의 유약, 낡은 수도관 등에서 용출되어 음식물에 혼합된 것을 섭취하여 발생한다.	빈혈, 구토, 복통, 사지마비, 피로, 지각상실, 시력장애 등
비소 (As)	농약(비소제), 도자기, 법랑 등의 유약이나 식품첨가물 중의 불순물 혼입	위장장애, 설사, 구토, 피부이상(흑피증), 신경장애, 운동마비 등
주석 (Sn)	통조림 도금재료에서 유출	구토, 설사, 복통, 메스꺼움 등
구리 (Cu)	구리로 만든 조리기구나 식기의 부식으로 생긴 녹청에서 유출되거나 착색제 및 농약에서 유출	오심, 구토, 위통, 현기증, 호흡곤란, 잔열감

5) 기타 화학적 식중독

구분	중독 경로	증상
PCB중독	쌀겨에서 미강유를 착유하여 정제하는 과정에서 PCB 유입	손톱과 발톱의 변색, 피부 모공이 검게 되고 관절통, 마비감 유발
유기인제, 농약	유기염소제와 유기수은제 농약이 분해되지 않고 농작물이나 어패류에 흡수되어 사람이 섭취	• 유기인제: 식욕부진, 구토, 신경독 증상 • 유기염소제(DDT, BHC, 알드린 등): 복통, 설사, 구토, 전신권태, 신경계 독성 • 유기수은제: 언어장애, 시야축소, 정신착란
메탄올	주류 허용량: 0.5ml/mL 이하 과실주 1.0mg/mL 이하 사용	두통, 구토, 설사, 실명, 호흡곤란으로 사망
방사능	방사선 물질을 함유한 핵폐기물에서 용출되어 농작물이나 어패류 등에 오염되어 사람이 섭취	탈모, 눈의 자극, 생식불능, 백혈병, 유전자 변이 등

6) 곰팡이 식중독

구분	독소	증상
아플라톡신 중독	아플라톡신(간장독)	• 변질된 옥수수와 땅콩, 곶감 등에 생긴 아스퍼질러스 블라브스에 의해 발생 • 간세포의 괴사, 간경변, 간암 유발
맥각중독	에르고톡신	• 보리, 밀, 호밀 등의 생균 곰팡이에 의해 발생. 간장독
황변미	시트리닌, 시트리오비리딘, 아이슬랜디톡신	• 쌀을 저장하면서 생긴 푸른곰팡이에 의해 발생 • 신장독

7) 알레르기성 식중독

꽁치, 고등어와 같은 붉은살 어류의 가공품 섭취 후 두드러기가 발생하는 것으로 히스타민이란 물질에 의해 발병한다.

5. 공중보건

1) 공중보건의 개념

구분	내용
공중보건의 정의	지역사회에서 사회적 노력을 통하여 질병을 예방하고 주민 모두의 건강을 유지하고 증진시키기 위한 기술
건강의 개념	건강이란 단순히 질병이 없거나 허약하지 않을 뿐만 아니라 신체적 · 정신적 그리고 사회적 안녕이 완전히 보장된 상태를 말한다.
공중보건의 대상	개인이 아닌 지역사회(시 · 군 · 구)를 대상으로 한다.
공중보건의 목적	주민의 질병예방, 건강증진, 주변 환경개선 등을 통해 대중의 건강한 삶과 수명연장을 목적으로 한다.
공중보건 수준의 평가지표	① 평균수명: 인간의 생존기대 기간 ② 보통사망률: 연간 사망자 수/ 그해 인구수 × 1000 ③ 비례사망지수: 연간 전체 사망자 수에 대한 50세 이상의 사망자 수의 구성비 ④ 영아사망률: (연간 영아사망 수/ 연간 출생아 수) × 1000 ⑤ 모성사망률: (연간 모성사망 수/ 연간 출생아 수) × 1000 ⑥ 사인별 사망률: 사망 원인에 다른 사망률 ⑦ 기타: 유아사망률, 결핵이나 기생충 감염률

공중보건의 범위	환경관리 부분: 환경위생, 식품위생, 환경보전과 환경오염, 산업보건 질병관리 부분: 역학, 전염병, 기생충질병, 만성질병 보건관리 분야: 보건행정, 보건영양, 인구보건, 가족보건, 모자보건, 학교보건, 보건교육, 보건통계

2) 환경위생 및 환경오염 관리

(1) 일광

구분	특징
자외선	• 자연광에서 파장이 100~400nm(1000~4000Å)로 가장 짧다. • 260nm(2600Å) 정도의 파장에서 살균력이 가장 높다. • 280~320nm(2,800~3,200Å)의 파장이 사람에게 가장 유익하여 건강선(도르노선)이라고도 한다. • 3~4시간 정도 지나면 미생물이 사멸된다. • 비타민 D를 형성하여 구루병을 예방하고 피부결핵 및 관절염의 치료에 효과가 있으며 신진대사 및 적혈구의 생성을 촉진한다. • 장시간 노출 시 피부의 홍반, 색소침착 및 결막염, 설안염, 피부암을 유발할 수 있다.
가시광선	• 390~780nm(3,900~7,800Å)의 파장이다. • 태양복사에너지로 지구에 가장 많이 도달하며 사람이 색채와 명암을 볼 수 있게 한다.
적외선	• 자연광에서 파장이 가장 긴 780nm(7,800Å) 이상이다. • 대기에 복사열을 만들어주므로 온실효과를 나타낸다. • 장시간 노출되면 두통, 현기증, 열경련, 홍반, 백내장, 일사병 등을 유발 할 수 있다.

(2) 온열요인

구분	특징
기온 (온도)	• 지표면에서 1.5m 높이에서 측정한 대기온도 • 100m 올라갈 때 1℃씩 낮아진다. • 쾌적 온도는 18± 2℃이고, 온열에 영향이 크다.
기습 (습도)	• 일정 온도에서 공기 중에 함유되어 있는 수분량 • 쾌적 습도는 40~70%이다. • 낮은 습도에서는 피부가 건조해져 질병이 발생하기 쉽고 높으면 불쾌감이 높아진다.
기류 (공기의 흐름)	• 대기 중 공기의 흐름으로 기압과 기온 차에 의해 발생한다. • 쾌적 기류는 1m/sec이고, 불감 기류는 0.1~0.5m/sec의 움직임을 말한다.
복사열	• 물체에서 방출하는 전자기파를 물체가 직접 흡수하여 열로 변환되는 것

● **기온 역전 현상**: 보통 대기권에서 높이가 올라갈수록 온도가 낮아지는데 반대로 높이의 상승에 따라 온도가 높아져 공기의 흐름이 적어지는 것을 말한다. 이럴 때 대기오염물질이 확산되지 못해 스모그가 나타난다.

(3) 공기 및 대기오염

구분		내용
공기의 주요 성분	산소	• 공기 중 21% 정도를 차지하며 사람이 호흡하는 데 중요하다. • 10% 이하면 호흡곤란, 7% 이하면 질식사할 수 있다.
	질소	• 공기 중에 78%로 가장 많이 차지한다. • 보통 상태에서는 무해하지만 기압이 높아지면 잠함병을 유발하고 기압이 낮아지면 고산병을 유발한다.
	이산화탄소	• 공기 중 0.03%를 차지한다. • 실내공기 오염도 측정에 사용하며 허용한계는 0.1%(1,000ppm)이다. • 공기 내에 7% 이상이면 호흡곤란이 일어나고 10% 이상이면 질식사할 수 있다.
공기의 유해성분	일산화탄소	• 불완전 연소 시 발생하며 무색, 무취, 무자극성으로 맹독성이 있다. • 혈액 내 헤모글로빈과의 친화력이 산소보다 250배 이상 높아 산소결핍증을 유발할 수 있다. • 위생학적 허용 한도는 8시간 기준 0.01%(100ppm)이고 0.1% 이상이면 사망할 수도 있다.
	기타	• 황화수소, 불화수소 등이 있다.
	아황산가스	• 공장이나 자동차 배기가스로 배출되며 대기오염의 지표이다. • 호흡기 염증 유발, 호흡곤란, 식물이 말라죽고 금속을 부식시킨다.
	군집독	• 실내공간에 사람이 많이 모여 공기 중 이산화탄소가 높아지고 고온, 고습의 상태가 되어 불쾌감, 권태감, 현기증이 발생하는 것을 말한다.

(4) 물

구분	내용
물의 중요성	• 모든 생명의 근원으로 인체 내 체중의 ⅔(60~70%)를 차지한다. • 성인 하루 필요량은 2.0~2.5L이다. • 인체 내 영양소와 노폐물 운반, 체온조절, 체액 구성 등의 기능을 한다. • 체내 수분량의 10%가 없어지면 경련 및 불안증의 신체적 이상이 오고 20% 이상 상실하면 생명이 위험해진다.

물에 의한 질병	• 수인성감염병: 장티푸스, 파라티푸스, 세균성 이질, 콜레라, 아메바성이질, 유행성간염 등 • 우치와 반상치: 음용수에 불소가 없으면 우치, 과다한 경우 반상치가 발생할 수 있다. • 청색증: 어린아이에게 나타나는 것으로 질산염이 다량 함유되어 있는 물을 장기적으로 음용한 경우 발생 • 설사: 황산마그네슘($MgSO_4$)이 다량 함유된 물을 음용했을 때 발생 • 기생충 감염과 중금속 오염으로 인한 질환 발생
물의 자정작용	• 지표면의 물이 시간이 지나면서 정화되는 현상: 희석작용, 침전작용 • 미생물이나 불순물이 물리적, 화학적, 생물학적 작용으로 정화되는 현상: 자외선에 의한 살균작용, 산화작용, 수중생물에 의한 식균작용, 미생물에 의한 유기물 분해

(5) 상하수도 및 오물 처리

구분	내용
상수도	• 중앙급수에 의해 일정한 인구집단에 보건상 양질의 물을 공급하는 설비 • 상수 처리: 취수 → 침사 → 침전 → 여과 → 소독 → 급수 • 물의 정수: 희석, 침전, 살균, 자정작용 • 소독: 염소(Cl_2), 오존(O_3), 자외선, 브롬(Br_2), 요오드(I_2), 표백분 등을 사용
하수도	• 하수는 일상생활에서 배출되는 오수와 비, 눈 등의 천수를 말한다. • 가정하수, 산업폐수, 우수(비), 지하수 등이 있다. • 처리과정: 예비처리 → 본처리 → 오니처리 • 처리방식: 생활하수와 천수의 처리방법에 따라 합류식, 분류식, 혼합식이 있다.
생화학적 산소요구량 (BOD)	• 일정한 조건에서 미생물이 수중의 유기물을 산화분해할 때 필요한 산소소비량 • 오염의 지표로 20ppm 이하여야 하며 높을수록 오염도가 높다. • 일반적으로는 시료를 희석수로 희석하여 20℃에서 5일간 방치한 후 산소소비량을 측정한다.
용존산소량 (DO)	• 물 1ℓ 중의 산소량으로 4~5ppm 이상이어야 하며 낮을수록 오염도가 낮다. • 일반적으로 온도 및 염분이 낮을수록, 기압이 높을수록 용존산소량은 많아진다.
진개처리 (쓰레기처리)	• 가정의 주방에서 배출되는 주개, 잡개, 공장 및 공공건물의 진개 등이 있다. • 처리방법: 주개와 진개를 합하여 처리하는 2분법이 가정에서 주로 사용되고 매립법, 소각법, 비료화법 등이 있다.

3) 역학 및 감염병 관리

(1) 역학

구분	내용
역학의 정의	• 인간집단을 대상으로 건강 이상의 실태를 숙주(host), 병인(agent), 환경(environment)의 3가지 요인의 관련성으로부터 질병이 일어난 원인을 규명하고, 질병을 예방, 관리하는 것
목적	• 질병 발생의 원인 규명 • 질병의 측정과 유행 발생 감시 • 질병의 자연사 연구 • 보건의료의 기획과 평가를 위한 자료 제공 • 임상 연구에서의 활용

(2) 감염병 관리발생의 3대 요인

구분	내용
감염원	• 병원체: 세균, 곰팡이, 바이러스, 리케차, 기생충 등 • 병원소: 병원체가 생육 가능한 곳으로 환자나 보균자, 매개 동물이나 곤충, 오염식품, 오염된 토양이나 물, 조리도구 등
감염경로	• 병원체가 병원소를 옮겨가는 경로로 질병에 따라 다르다. • 음식물 감염, 공기 전파(비말감염), 감염자 접촉, 매개 동물이나 물건에 의한 전파, 토양에 의한 전파 등
숙주의 감수성과 면역성	• 숙주가 병원체를 받아들이는 정도를 말하는 것으로 면역력이 없는 상태를 감수성이 있다고 한다. • 감수성이 높을수록 발병률이 높다.

(3) 면역과 질병

구분	내용
감수성지수	• 일반 사람이 병원체에 감염되었을 때 발병하는 비율 • 감수성이 높으면 질병 발병률이 높다. • 홍역 > 백일해 > 성홍열 > 디프테리아 > 소아마비
선천성 면역 (자연면역)	• 외부로부터의 접촉 없이 인체 내에 자연적으로 형성된 면역 • 인종면역, 종속면역, 개인특이면역(개인저항성)
후천성 면역	• 능동면역: 병원체와의 접촉으로 체내에 항체가 형성되어 만들어진 면역 • 수동면역: 외부에서 면역원을 체내에 주입하는 것

(4) 법정 전염병

구분	특징
제1급 감염병	• 치명률이 높거나 집단발병으로 진행될 수 있으므로 발병 즉시 신고하고 음압격리와 같은 높은 수준의 격리가 요구되는 감염병 • 에볼라바이러스, 페스트, 탄저균, 두창, 야토병, 신종감염증후군, SARS, MERS, 동물인플루엔자, 디프테리아, 마버그열, 라싸열, 남아메리카출혈열, 리프트밸리열, 크리미안콩고출혈열, 보툴리눔독소증 등
제2급 감염병	• 발생하였을 때 전파 가능성을 고려하여 24시간 이내 신고, 격리가 요구되는 감염병 • 콜레라, 성홍열, 장티푸스, 파라티푸스, 수두, 결핵, 홍역, 세균성이질, 장출혈성대장균감염증, A형간염, 백일해, 유행성이하선염, 풍진, 폴리오, 폐렴구균감염증, 한센병 등
제3급 감염병	• 발생하였을 때 감시할 필요가 있어 24시간 이내 신고가 요구되는 감염병 • 말라리아, 파상풍, 레지오넬라증, 비브리오패혈증, 발진티푸스, 발진열, 쯔쯔가무시증, 렙토스피라증, 브루셀라증, 공수병, B형간염, C형간염, 황열, 뎅기열, 큐열, 지카바이러스, 후천성면역결핍증, 중증혈소판감소증, 라임병, 웨스트나일병 등
제4급 감염병	• 제1~3급 감염병 이외에 유행 여부를 알기 위해 표본감시가 필요한 감염증 • 인플루엔자, 회충, 요충, 편충, 간흡충, 폐흡충, 장흡충, 수족구병, 매독 등

● **인수공통감염병**: 사람과 동물이 같은 병원체에 의해 발생되는 감염병

- 결핵(소), 광견병(개), 야토병(토끼), 탄저(소, 돼지, 양, 말), 황열(원숭이)
- 돈단독, 선모충, 일본뇌염, 유구조충(돼지)
- 페스트, 발진열, 와일씨병, 양충병, 서교증(쥐)
- 살모넬라(쥐, 고양이, 돼지)
- 파상열(브루셀라): 돼지, 양, 개, 사람(열병), 동물(유산)

한식 안전관리

1. 개인 안전관리

1) 개인 안전사고 예방 후 사후조치

(1) 개인 안전사고 예방

구분	내용
개인안전 관리대책	• 관리책임자는 책임범위 내에서 위험도를 통제할 수 있는 방법을 찾아 안전사고를 예방하도록 한다.
위험도 경감의 원칙	• 사고 발생 예방과 피해 심각도 억제에 목적이 있다. • 핵심요소: 위험요소 제거, 위험발생 경감, 사고피해 경감 • 사람, 절차, 장비의 3가지 시스템 구성요소를 고려한다.
안전사고 예방과정	1. 위험요인 제거 2. 위험요인 차단 3. 안전사고를 초래할 수 있는 오류의 예방 및 교정 4. 재발 방지를 위한 대응 및 개선

(2) 재해의 원인요소

구분	내용	
사람 (Man)	• 심리적 원인: 망각, 걱정, 무의식적인 행동, 위험감각, 생략행위 등 • 생리적 원인: 피로, 수면 부족, 신체기능, 알코올, 질병, 노화 등 • 작업환경적 원인: 직장 내 인간관계, 리더십, 팀워크, 커뮤니케이션 등	
기계 (Machine)	• 기계설비의 설계상 결함 • 안전의식의 부족 • 표준화의 부족	• 위험 방호장치의 불량 • 인간공학적 배려의 부족 • 점검 장비의 부족

매체 (Media)	• 작업 자세, 작업 동작의 결함 • 부적절한 작업정보 및 방법 • 작업공간 및 환경의 불량	
관리 (Management)	• 관리조직의 결함 • 안전관리계획의 불량 • 부하에 대한 지도 및 감독 부족 • 불충분한 적성 배치	• 불비 또는 불철저한 규정 · 매뉴얼 • 교육훈련의 부족 • 건강관리 불량

(3) 재해예방의 4원칙

손실우연의 원칙, 원인계기의 원칙, 예방가능의 원칙, 대책선정의 원칙

(4) 응급조치

구분	내용
목적	• 사고현장에서 부상자나 급성질환자의 상태가 악화되지 않도록 방지 또는 지연한다. • 전문의료진이 도착할 때까지 생명 유지
행동단계	1. 현장 조사: 행동하기 전 계획을 세운다. 2. 의료기관 신고: 현장 파악 후 전문의료기관에 신고 3. 처치 및 도움: 환자에게 필요한 응급처치 시행
유의사항	• 현장에서 자신의 안전을 확보한다. • 환자에게 자신의 신분을 알린다. • 응급환자 발생부터 처치까지 생사유무를 판정하지 않는다. • 전문의료진이 도착할 때까지의 응급처치로 원칙적으로 의약품을 사용하지 않는다.

2) 작업안전 관리

(1) 안전사고 유형

구분	내용
인적 요인	• 정서적 요인: 과격한 기질 및 신경질, 시력 또는 청력의 결함, 근골박약, 지식 및 기능의 부족, 중독증 등 각종 질환 • 행동적 요인: 독단적 행동, 불완전한 동작과 자세, 미숙한 작업방법, 안전장치 등의 소홀한 점검, 결함이 있는 기계 및 기구의 사용 • 생리적 요인: 피로 누적으로 인한 심적 태도의 교란, 신체 동작의 통제 불능

물적 요인	• 각종 기계, 장비 또는 시설물에서 오는 요인 • 자재의 불량이나 결함, 안전장치 또는 시설의 미비, 각종 시설물의 노후화에 의한 붕괴, 화재 등
환경적 요인	• 불안정한 각종 환경요인 • 건축물이나 공작물의 부적절한 설계, 통로의 협소, 채광, 조명, 환기시설의 부적당, 불안전한 보장, 고열, 먼지, 소음, 진동, 가스누출, 누전 등

(2) 주방에서의 위해요인

구분	내용
환경요인	• 조리실의 고온, 다습으로 인한 고열과 땀띠 등의 피부질환으로 자극성 피부염이 28.9%, 알레르기성 피부염이 17.8% 정도 발생 • 방수용 조리화를 장시간 착용하여 생기는 습진, 무좀, 아킬레스건염 등
물리적 요인	• 조리작업장이 젖어 있으므로 미끄럼이나 낙상사고 발생
시설요인	• 고온 다습한 환경에서의 전기 사용으로 인해 누전의 위험이 있다. • 노후된 시설로 인한 위험

2. 장비 · 도구 안전작업

1) 조리 · 장비도구의 안전점검

구분	내용
일상점검	• 주방 관리자가 사용하기 전 매일 육안으로 점검함 • 주방 내 조리기구, 전기, 가스 등의 이상 여부와 보호구의 관리실태 등을 확인하고 그 결과를 기록 · 유지 • 사고 위험 발견 즉시 안전 책임자에게 연락 후 조치를 한다.
정기점검	• 주방 내 모든 인적, 물적인 면에서의 물리화학적, 기능적 결함이 있는지 육안이나 기기를 사용하여 점검한다. • 안전관리책임자가 매년 1회 이상 정기적으로 점검함 • 주방 내 조리기구, 전기, 가스 등의 성능 유지여부를 확인하고 그 결과를 기록 · 유지
긴급점검	• 관리 주체가 필요하다고 판단될 때 정밀점검 수준의 안전점검 • 재해나 사고에 의해 발생한 구조적 손상을 점검하는 것과 결함이 의심되거나 사용 제한 중인 시설의 재사용을 위해 실시하는 특별점검이 있다.

3. 작업환경 안전관리

1) 작업장 환경관리

구분	내용
적정 온도	• 겨울: 18.3~21.2℃ • 여름: 20.6~22.8℃
적정 습도	40~60%
권장 조도	143~161 Lux, 백열등이나 형광등 사용

2) 화재 예방 및 조치방법

(1) 화재 예방

구분	내용
화재진압기 배치	화재안전기준에 따른 소화전함, 소화기 비치, 관리
화재 시 대피방안 확보	비상통로 확보와 적재물 비치 확인 비상조명등 작동을 위한 예비 전원 작동상태 확인 자동 확산 소화용구 설치 적합성 점검
화재 발생 시 대처	경보기를 작동시키고 큰 소리로 주위에 알린다. 화재 원인을 제거한다. 소화기나 소화전을 사용하여 불을 끈다.

(2) 화재의 종류와 소화방법

구분	내용	소화방법
일반화재 (A급화재)	• 일반적으로 가장 많이 발생하는 유형으로 연소 후 재가 남는다. • 종이, 목재, 천, 고무, 석탄 등의 가연물 화재	• 물을 뿌리거나 소화기 사용
유류화재 (B급화재)	• 액체상태의 유류가 연소되는 것으로 재가 남지 않으며 연소열이 크고 연소성이 좋아 일반화재보다 위험하다.	• 담요 등을 덮어 질식소화
전기화재 (C급화재)	• 전기 누전으로 인한 화재로 물을 사용하면 감전의 위험이 있으므로 사용하지 않는다.	• 가스소화약재를 사용한 질식소화
금속화재 (D급화재)	• 마그네슘, 알루미늄, 칼륨, 나트륨과 같이 가연성 금속류로 인한 화재로 물과 반응하여 폭발할 수 있다.	• 마른 모래 및 특수분말을 사용한 질식소화
주방화재 (K급화재)	• 식용유나 동물성 유지 등 조리용 기름에 의한 화재로 연소물 표면을 차단하는 비누화 작용을 이용해 소화한다.	• 비누화 작용 및 냉각작용

한식 재료관리

1. 식재료의 성분

1) 수분

<table>
<tr><th>구분</th><th colspan="2">내용</th></tr>
<tr><td>기능성</td><td colspan="2">• 인체 내 체중의 65~70%를 차지하며 10% 이상 손실 시 발열, 경련, 혈액순환 등에 이상이 생기고, 20% 손실 시 생명이 위독해진다.
• 생명체 내 생화학반응, 물질 운반, 삼투현상 등에 관여한다.
• 신체를 구성하고 체온을 유지시키며 윤활제 역할을 한다.
• 식품의 물리적, 화학적 성질뿐 아니라 조리, 가공, 저장할 때도 영향을 미친다.</td></tr>
<tr><td rowspan="2">종류</td><td>자유수
(유리수)</td><td>• 식품 중에 유리상태로 존재하는 물로 쉽게 분리될 수 있다.
• 용매로 작용하여 용질을 녹인다.
• 미생물 번식에 이용된다.
• 0℃ 이하에서 얼음으로 동결되고 100℃ 이상에서 증발한다.
• 4℃에서 비중이 가장 크다.
• 표면장력이 크다.</td></tr>
<tr><td>결합수</td><td>• 식품 중의 탄수화물이나 단백질 등의 유기물과 결합된 형태로 분리되지 않는다.
• 용매로 작용하지 않는다.
• 미생물 번식에 이용되지 않는다.
• 0℃ 이하에서 얼음으로 쉽게 동결되지 않는다.
• 자유수보다 밀도가 크다.</td></tr>
<tr><td>수분활성도</td><td colspan="2">• 식품의 수분활성도(Aw) = 식품이 나타내는 수증기압(P)/순수한 물의 최대 수증기압(P_0)
• 순수 물의 수분활성도는 1이며 일반식품에는 결합수가 있어 1보다 작다.
• 식품의 수분활성도: 건조식품: 0.2 이하 / 곡류, 콩류: 0.60~0.64
어패류, 과일, 채소류: 0.90~0.98 / 육류, 생선: 0.98
• 미생물 생육에 관여하는 요인으로 식품의 화학적 반응과 관련이 있다.
• 수분활성도가 낮을수록 미생물의 생육이 억제되어 식품의 저장성이 높아진다.</td></tr>
</table>

2) 탄수화물

구분	내용		
기능성 및 특성	• 탄소(C), 수소(H), 산소(O)로 구성되어 있다. • 최종 포도당으로 분해되어 체내 에너지원으로 사용되고 1g에 4kcal의 열량을 낸다. • 과잉 섭취하면 간과 근육에 글리코겐으로 저장되고 나머지는 지방으로 저장된다. • 단백질의 절약작용과 지방의 완전연소에 관여한다. • 감미도: 과당 > 전화당 > 자당(설탕) > 포도당 > 맥아당 > 갈락토오스 > 유당(젖당)		
종류	단당류	• 탄수화물의 가장 작은 구성단위로 물에 녹고 단맛이 난다.	
		포도당 (Glucose)	식물성 식품에 광범위하게 분포되어 있다. 혈액에 1% 정도 포함되어 있다.
		과당 (Fructose)	과일, 벌꿀, 꽃에 유리상태로 존재한다. 상온에서 당류 중에 단맛이 가장 강하고 고온에서 약해진다.
		갈락토오스 (Galactose)	젖당의 구성성분으로 포유류의 유즙에 존재한다. 동물 체내에서 당지질 형태로 뇌와 신경조직의 성분이 된다.
		만노오스 (Mannose)	밀감류의 과피, 당밀, 발아 종자 등에 유리상태로 존재하나 대부분 다당류의 구성성분으로 존재한다.
	이당류	• 수용성이고 단당류 2개가 결합되어 있다.	
		자당(설탕) (서당, Sucrose)	포도당과 과당이 결합되어 있는 형태로, 단맛이 강한 표준 감미료이며 사탕수수나 사탕무에 존재한다.
		맥아당 (엿당, Maltose):	포도당 두 분자가 결합된 형태로 물엿의 주성분이며 소화·흡수가 빠르다.
		젖당 (유당, Lactose)	포도당과 갈락토오스가 결합된 형태로 칼슘과 인의 흡수를 돕는다. 유산균, 젖산균의 정장작용을 돕는다.
	다당류	• 여러 종류의 단당류가 결합된 당으로, 단맛이 없고 물에 잘 녹지 않는다.	
		전분 (녹말, Starch)	포도당의 결합형태로 아밀로오스(Amylose)와 아밀로펙틴(Amylopectin)으로 구성되어 있다. 찹쌀은 아밀로펙틴 100%, 멥쌀에는 아밀로펙틴 80%, 아밀로오스 20%로 구성되어 있다. 단맛은 거의 없고, 식물의 뿌리·줄기·잎 등에 존재하며 곡류의 25~80%를 차지한다.
		글리코겐 (Glycogen)	동물체의 저장 탄수화물로, 간, 근육에 많이 함유되어 있다.
		섬유소 (Cellulose)	소화되지 않는 전분으로, 배변운동을 돕고 비타민 B군의 합성을 촉진한다.

	펙틴(Pectin)	세포벽 또는 세포 사이에 존재하며 겔화하는 성질 때문에 잼이나 젤리를 만드는 데 이용된다.
	키틴(Chitin)	새우, 게 껍데기에 함유되어 있다.
	이눌린(Inulin)	과당의 결합체로, 우엉, 돼지감자에 많이 함유되어 있다.
	아가(Agar)	우뭇가사리 같은 홍조류에 함유되어 있다. 젤리, 잼, 과자, 아이스크림, 양갱 등에 이용된다.

3) 단백질

구분	내용	
기능성	• 몸의 구성물질이며 에너지원으로 1g당 4kcal의 열량을 낸다. • 탄소(C), 수소(H), 산소(O), 질소(N)로 구성되어 있으며 생명체의 성장, 유지 및 기능에 필수적인 질소화합물을 공급한다. • 효소, 항체, 호르몬 등을 합성한다.	
급원식품	동물성 식품으로 우유, 어육류, 난류	
	식물성 식품으로 콩류	
영양학적 분류	완전단백질	• 필수아미노산이 골고루 모두 들어 있는 단백질 • 달걀 흰자–알부민, 우유–카세인
	부분적 불완전 단백질	• 필수아미노산을 모두 함유하고 있으나 일부 아미노산 함량이 부족하여 다른 식품을 통해 보완이 필요한 단백질 • 곡류에 리신이 부족하여 콩을 보완
	불완전 단백질	• 한 개 이상의 필수아미노산이 함량이 부족하여 이 단백질 섭취만으로는 동물의 성장과 생명 유지가 어려움 • 젤라틴, 옥수수–제인
화학적 분류	단순 단백질	• 아미노산으로만 이루어진 단백질 • 알부민, 글로불린, 글루텔린, 프롤라민, 히스톤 등
	복합 단백질	• 단순 단백질과 다른 성분으로 구성된 단백질 • 당단백질, 인단백질, 지단백질 등
	유도 단백질	• 단순 · 복합 단백질이 산, 알칼리 등에 의해 변성 · 분해된 단백질 • 1차 유도 단백질: 젤라틴 / 2차 유도 단백질: 펩톤 등
필수아미노산	• 체내에서 합성이 불가능하여 반드시 식사를 통해 공급받아야 하는 아미노산 • 성인: 트레오닌, 발린, 트립토판, 아이소류신, 류신, 리신, 페닐알라닌, 메티오닌 • 성장기 어린이나 회복기 환자: 성인에게 필요한 필수아미노산 + 아르기닌 + 히스티딘	

4) 지방(지질)

구분		내용
기능성		• 탄소(C), 수소(H), 산소(O)로 구성되어 있으며 1g당 9kcal의 열량을 내며 효과적인 에너지원이다. • 과잉 섭취 시 피하지방으로 축적된다. • 물과 섞이지 않으며 유기용매(에테르, 벤젠, 클로로포름)에 녹는다. • 지용성 비타민의 흡수를 돕고 영양소 손실을 막는다. • 체지방조직, 세포막, 신경보호막의 구성성분이다.
급원식품		• 동물성 지방으로 포화지방산의 함량이 높아 상온에서 고체형태이다. • 육류, 과자류, 버터, 마가린 등
		• 식물성 지방으로 불포화지방산의 함량이 높아 상온에서 액체형태이다. • 참기름, 들기름, 식용유, 낙화생유, 올리브유 등
화학적 분류	단순지질 (중성지질)	• 체지방과 식품 속 지방의 대부분을 차지한다. • 3분자의 지방산과 1분자의 글리세롤의 에스테르 결합물 • 왁스: 고급 알코올과 고급 지방산의 에스테르 결합물
	복합지질	• 단순지질에 다른 물질이 결합된 지질 • 인지질(단순지질 + 인): 콜레스테롤과 함께 세포막과 신경조직의 구성성분이다. 레시틴, 세팔린, 스핑고미엘린 • 당지질(단순지질 + 당): 세레브로시드
	유도지질	• 단순지질과 복합지질을 가수분해해서 생성된 지질 • 콜레스테롤(동물스테롤): 비타민 D의 전구체로 생체 내에서 자외선에 의해 비타민 D_3로 변환, 세포막의 구성성분으로 동물성에만 존재한다. • 에르고스테롤(식물스테롤): 비타민 D의 전구체로 자외선에 의해 비타민 D_2로 변환
지방산	포화지방산	• 이중결합이 없어 융점이 높아 상온에서 고체나 반고체 상태로 존재하며 주로 동물성 지방에 다량 함유되어 있다.
	불포화지방산	• 이중결합을 가지고 있어 융점이 낮아 상온에서 액체로 존재하며 주로 식물성 유지 또는 어류에 함유되어 있다. • 체내 합성이 되지 않아 식품으로 섭취해야 하는 필수지방산으로 리놀렌산, 리놀레산, 아라키돈산이 있다.
기능적 성질	유화 (Emulsification)	• 친수성과 소수성을 함께 가지고 있어 유화제로 사용한다. 레시틴 • 수중유적형: 물에 기름이 분산되어 있는 형태로 우유, 생크림, 마요네즈 등이 있다. • 유중수적형: 기름에 물이 분산되어 있는 형태로 버터, 마가린 등이 있다.
	수소화(경화) (Hydrogenation)	• 액체상태의 기름에 수소(H)를 첨가하고 촉매제를 이용하여 고체형태로 만든 것으로 마가린과 쇼트닝이 있다.

연화 (Shortening)	• 밀가루에 유지를 첨가하여 반죽하면 글루텐 형성을 막아 부드럽게 만드는 것으로 파이나 약과 제조에 사용한다.
가소성 (Plasticity)	• 유지의 변형상태가 유지되는 성질로 퍼짐성을 말한다. 아이싱이나 페이스트리 제품에 유용하다.
검화가 (비누화가)	• 유지 1g을 검화(비누화)하는 데 소요되는 수산화칼륨(KOH)의 mg수, 저급 지방산이 많을수록 비누화가 잘 된다.
산가 (Acid value)	• 유지 1g 중에 함유된 유리지방산을 중화하는데 소요되는 수산화칼륨(KOH)의 mg수로 유지의 산패도를 알 수 있다.
요오드가 (불포화도)	• 유지 100g 중에 첨가되는 요오드의 g수로, 요오드가가 높다는 것은 불포화지방산이 많다는 것을 의미한다.

5) 비타민

구분	내용		
기능성	• 대사작용 조절 물질로 보조효소의 역할을 한다. • 소량이지만 인체에 반드시 필요한 물질이다. • 대부분 체내에서 합성되지 않아 음식물로 섭취해야 한다. • 지용성과 수용성으로 구분되며 지용성은 과잉섭취 시 체내에 저장되고 결핍증이 서서히 나타난다. 수용성 비타민의 경우 과잉섭취 시 체외로 배출되므로 매일 섭취해야 하며 결핍증이 빨리 나타난다.		
구분	종류	기능과 결피증	급원식품
지용성 (기름에 녹음)	비타민 A (레티놀)	• 상피세포를 보호하고 눈의 로돕신 형성 • 야맹증, 점막장애, 안구건조증	난황, 당근, 동물의 간, 시금치 등
	비타민 D (칼시페롤)	• 칼슘과 인의 흡수를 촉진한다. • 골격과 치아 생성을 촉진한다. • 자외선에 의해 체내 합성된다. • 결핍 시 구루병, 골다공증	버섯류, 말린 생선, 생선, 간유, 효모, 맥각
	비타민 E (토코페롤)	• 항산화효과가 있고 항불임성 비타민 • 결핍 시 노화 촉진, 용혈작용, 불임증, 근육위축증	식물성 기름, 곡물의 배아
	비타민 K (필로퀴논)	• 혈액응고지연에 관여하여 지혈작용 • 장내세균에 의해 체내합성 • 결핍 시 혈액응고 지연, 잦은 출혈	시금치, 브로콜리 등의 녹색채소, 동물의 간
수용성 (물에 녹음)	비타민 B_1 (티아민)	• 에너지대사의 조효소와 신경자극전달물질 • 결핍 시 각기병, 다발성 신경염	돼지고기, 콩류, 곡류의 배아

비타민 B_2 (리보플라빈)	• 체내 산화, 환원 반응에 관여 • 피부점막 보호 • 결핍 시 피부염, 구순구각염, 설염, 야맹증	우유, 간, 고기
비타민 B_3 (나이아신, 니코틴산)	• 에너지대사의 조효소 • 옥수수를 주식으로 할 때 펠라그라 발병 • 결핍 시 펠라그라의 4대 증상: 피부염, 설사, 우울증, 사망	육류, 생선, 두류, 땅콩
비타민 B_6 (피리독신)	• 단백질 대사작용과 지방 합성에 관여 • 항피부염 인자로 부족 시 피부병	간, 쌀겨, 효모, 옥수수
비타민 B_9 (엽산)	• 세포분열과 아미노산 합성에 관여 • 결핍 시 빈혈	과일, 채소류
비타민 B_{12} (코발라민)	• 조혈기능, 신경계유지, 조효소 작용 • 결핍 시 악성빈혈	간
비타민 C (아스코르브산)	• 체내 산화 · 환원 작용에 관여하고 피로회복, 혈액정화 등에 관여 • 결핍 시 괴혈병, 간염	과일류
비타민 P	• 모세혈관을 튼튼히 한다. • 결핍 시 피하출혈	레몬즙, 고추, 후추

6) 무기질

구분	내용
기능성	• 인체에서 뼈와 치아 등을 구성하고 4~5%를 차지한다. • 산 · 알칼리와 수분의 평형을 유지하고 세포의 삼투압을 조절한다. • 1일 필요량이 100mg 이상인 다량원소로 칼슘, 인, 칼륨, 황, 나트륨, 염소, 마그네슘 등이 있다. • 1일 필요량이 100mg 이하인 미량원소로 철, 아연, 구리, 망간, 요오드, 코발트, 불소 등이 있다.

구분	기능과 결핍증	급원식품
칼슘 (Ca)	골격과 치아 구성, 신경자극전달 물질, 효소 활성화, 비타민 K와 함께 혈액응고에 관여한다. 결핍증: 골다공증, 구루병, 골격 · 치아의 발육 불량, 골연화증, 혈액응고 불량, 근육의 경련	우유, 유제품, 난황, 뼈째 먹는 생선, 해조류 등
인 (P)	칼슘과 함께 치아와 골격을 형성한다. 에너지대사에 관여하고 세포 내 완충작용을 한다. 인지질과 핵산의 구성성분이다. 결핍증: 골격 · 치아의 발육 불량, 성장 정지, 골연화증, 구루병	우유, 멸치, 육류, 서리태, 채소류 등

철분 (Fe)	헤모글로빈의 구성물질로 혈액 생성 시 꼭 필요하다. 혈액 속에서 산소를 운반한다. 결핍증: 철분결핍성빈혈(영양결핍성 빈혈), 식욕부진	육류, 간, 난황, 녹황색 채소류
마그네슘 (Mg)	칼슘, 인과 함께 치아와 골격 형성 효소를 활성화하고 근육 이완에 관여한다. 결핍증: 신경 및 근육경련, 간의 장애, 골연화증, 구토, 설사	시금치, 현미, 무청, 견과류
나트륨 (Na)	산 · 알칼리 평형유지와 삼투압 조절 및 수분유지 신경자극 전달물질로 근육수축에 관여한다. 결핍보다는 과잉증으로 심혈관계 병증을 유발한다.	식염, 젓갈류, 라면, 햄, 소시지 등
칼륨 (K)	근육수축과 삼투압조절, 신경자극 전달물질로 근육의 수축과 이완에 관여한다. 결핍증: 근육의 긴장 저하, 식욕부진	감자, 고구마, 바나나, 근대 등
염소 (Cl)	산 · 알칼리 평형유지와 삼투압조절 및 수분유지 신경자극 전달물질 위산의 구성성분이다. 결핍증: 근육경련, 식욕감퇴, 저혈압	식염, 장아찌, 라면, 소시지 등
황(S)	손톱, 발톱, 모발 등의 신체 구성성분이다. 산 · 알칼리 평형유지와 산화 · 환원 반응에 관여한다. 결핍증: 손톱, 발톱, 모발의 발육부진	콩류, 치즈, 육류
불소 **(플루오린: F)**	골격과 치아를 단단하게 한다. 결핍증: 우치(충치) 과잉증: 반상치, 골경화증, 체중감소	해조류, 육류, 달걀
요오드 (I)	갑상선 호르몬을 구성하고 유즙분비를 촉진한다. 결핍증: 갑상선종, 크레틴병(발육 저하) 과잉증: 바세도우병(그레이브스병), 말단 비대증	해조류, 해산물
코발트 (Co)	혈액생성과 효소작용 활성화에 관여한다. 결핍증: 악성빈혈	쌀, 콩류
망간 (Mn)	골격을 형성하고 탄수화물 대사에 관여한다. 결핍증: 성장장애, 탄수화물 대사장애 과잉증: 신경계 장애, 면역기능 장애, 췌장염, 간 손상	쌀, 귀리, 감자
아연 (Zn)	성장과 면역기능에 관여하고 상처회복을 촉진한다. 결핍증: 면역기능 저하와 상처 회복 지연	굴, 가재, 곡류, 육류, 해산물
구리 (Cu)	철분 흡수에 관여하고 결합조직의 합성에 관여한다. 결핍증: 빈혈	달걀, 콩류, 해조류

7) 식품의 색

<table>
<tr><th>구분</th><th colspan="3">내용</th></tr>
<tr><td rowspan="5">식물성
색소성분</td><td>클로로필
(chlorophyll)</td><td colspan="2">• 녹색채소에 있고 엽록체에 Mg(마그네슘)이 함유되어 있으며 광합성 기능을 한다.
• 산성에서는 녹갈색(페오피틴)으로 변하고, 알칼리성에서는 진한 녹색(클로로필린)으로 변하지만 비타민 C가 파괴된다.
• 금속이온(구리, 철)에서 진한 녹색으로 변한다.</td></tr>
<tr><td>카로티노이드
(carotenoid)</td><td colspan="2">• 황색, 주황색, 붉은색을 나타내는 색소로 당근, 토마토, 고추, 고구마, 감, 늙은호박 등에 함유되어 있다.
• 체내에서 비타민 A로 전환되고 지용성이다.
• 산, 알칼리에 안정적이고 열에 강하다.
• 당근, 고구마, 호박 등에 카로틴계와 고추, 옥수수, 버섯, 갈조류 등에 크산토필계가 있다.</td></tr>
<tr><td rowspan="2">플라보이드
(flavonoid)</td><td>안토잔틴
(anthozantin)</td><td>• 흰색에서 옅은 노란색으로 식물의 뿌리, 줄기, 잎 등에 있다.
• 항산화 효과가 있다.
• 갈변하기 쉬운 우엉이나 연근은 식촛물에 담가 사용한다.
• 알칼리성에서는 황색을 띠어 빵에 소다를 넣고 찌면 노란색이 난다.</td></tr>
<tr><td>안토시안
(anthocyan)</td><td>• 빨간색, 보라색, 파란색의 색소로 딸기, 가지, 포도, 검은콩, 생강 등에 함유되어 있다.
• 수용성이라 물에 담그면 색이 빠진다.
• 산성에서는 빨간색, 중성에서는 보라색, 알칼리성에서는 청색으로 변한다.
• 생강의 경우 식초에 절이면 빨간색을 띤다.</td></tr>
<tr><td rowspan="4">동물색소</td><td>헤모글로빈
(hemoglobin)</td><td colspan="2">• 혈액에 있는 색소로 철(Fe)이 들어 있다.
• 육류 가공 시 질산칼륨이나 아질산칼륨을 넣으면 선홍색이 된다.</td></tr>
<tr><td>미오글로빈
(myoglobin)</td><td colspan="2">• 근육에 있는 색소로 가축의 종류, 연령, 부위에 따라 함량이 다르다.
• 적자색이었다가 산소와 결합하면 선홍색의 옥시미오글로빈이 되고 가열하면 회색인 메트미오글로빈이 된다.</td></tr>
<tr><td>헤모시아닌
(hemocyanin)</td><td colspan="2">• 오징어, 문어, 주꾸미 등의 연체동물에 들어 있다.
• 구리(Cu)를 함유한 파란색의 혈색소로 가열하면 적자색으로 변한다.</td></tr>
<tr><td>아스타잔틴
(astaxanthin)</td><td colspan="2">• 새우, 게, 가재의 청록색과 피조개의 붉은 살에 들어 있다.
• 가열하여 익히면 적자색으로 변한다.
• 오징어 먹물의 색은 멜라닌이다.</td></tr>
</table>

8) 식품의 갈변

구분	내용
효소적 갈변	• 채소류나 과일류를 자르거나 껍질을 벗길 때 갈색으로 변하는 현상 • 녹찻잎이 갈색으로 산화되어 홍차가 되는 현상 • 페놀화합물이 산화효소인 옥시다아제에 의해 갈색인 멜라닌으로 바뀐다. • 효소에 의한 갈변 방지법으로 열처리, 산 이용, 당 또는 염류 추가 등으로 효소의 활성을 억제하거나 산소와의 접촉을 차단한다.
비효소적 갈변	• 마이야르 반응(아미노카르보닐 반응): 자연적으로 아미노기와 카르보닐기가 공존할 때 일어나는 반응으로 멜라노이딘을 생성한다. 예) 간장의 검은색
	• 캐러멜화 반응: 당류를 고온(180~200℃)으로 가열할 때 산화 및 분해 산물에 의한 중합, 축합에 의해 갈색으로 변하는 것
	• 아스코르빈산의 산화 반응: 비가역적으로 산화된 아스코르빈산이 항산화제로의 기능을 상실하고 갈색화 반응이 일어난다.

9) 식품의 맛과 냄새

(1) 맛의 특징

- 식품의 맛은 식품의 품질을 결정하는 중요한 요소로 기본적으로 단맛, 짠맛, 신맛, 쓴맛의 4원미(헤닝의 4원미)에 기초한다.
- 맛을 느끼는 속도는 짠맛, 단맛, 신맛, 쓴맛 순이다.
- 맛을 못 느끼는 사람을 미맹이라 하고, PCT를 이용하여 검사한다.

구분	내용
단맛	• 유기 화합물질로 영양과 관계가 있다. • 설탕, 포도당, 과당, 맥아당, 유당, 전화당, 당알코올로 자일리톨 등이 있다. • 인공감미료로 아스파탐과 만니톨 등이 있다. • 소량의 소금을 첨가하면 단맛이 증가하고, 쓴맛과 신맛은 단맛을 감소시킨다. • 감미도: 과당 > 설탕 > 포도당 > 맥아당 > 유당
짠맛	• 중성염의 맛으로 일반적으로 소금(염화나트륨)의 맛이다. • 신맛이 더해지면 강해지고 단맛이 더해지면 약해진다. • 음식의 소금 농도가 1~2%일 때 적당하다. 10% 이상의 소금은 살균작용이 있다.

신맛		• 산은 수소이온에 의한 맛으로 식욕을 증진하고 방부효과 및 살균효과가 있다. • 유기산이 포함된 식품: 젖산(요구르트, 김치류), 사과산(사과, 배), 초산(식초, 김치류), 구연산(감귤류, 딸기, 살구), 호박산(청주, 조개류, 김치류), 주석산(포도) 등이 있다. • 단백질을 응고시키고, 식초 농도 2% 이상에서 살균효과가 있다.
쓴맛		• 인간이 자기보호를 위해 느끼는 맛으로 소량의 쓴맛은 식욕을 자극하고 소화를 촉진한다. • 10℃ 정도에서 가장 강하게 느낀다. • 후물론(맥주), 나린진(밀감, 자몽), 테오브로민(코코아, 초콜릿), 카페인(커피, 초콜릿), 쿠크르비타신(오이의 꼭지 부분), 카페인(커피, 차류), 케르세틴(양파 껍질), 헤스피리딘(귤 껍질) • 간수로 사용되는 염화칼슘, 염화마그네슘 등이 있다.
기타	감칠맛	• 단백질 중 핵산성분의 맛으로 입맛을 당기는 맛이다. • 아미노산(소고기), 글루타민산(김, 된장, 간장, 다시마 등), 이노신산(가다랑어포, 멸치), 구아닐산(표고버섯, 송이버섯 등), 타우린(오징어, 문어, 조개류), 베타인(오징어, 새우, 비트)
	매운맛	• 미각신경을 자극하여 생기는 맛으로 통각이라 한다. • 60℃에서 강하게 느껴지며 식욕을 자극하고 소화를 돕는다. • 살균, 살충 작용을 돕는다. • 캡사이신(고추), 피페린 · 차비신(후추), 쇼가올 · 진저론(생강), 시니그린(겨자), 알리신(마늘, 양파), 커큐민(강황), 신남알데히드(계피), 유황화합물(양파)
	떫은맛	• 혀의 점막에 있는 단백질이 일시적으로 응고하여 느끼는 감각이다. • 차의 맛을 결정하는 주요 성분 중 하나이다. • 타닌성분은 미숙한 과일의 폴리페놀 성분이다.
	아린맛	• 떫은맛과 쓴맛이 섞인 것 같은 맛으로 죽순, 토란, 고사리, 우엉, 도라지 등에 있다. • 타닌, 알데히드, 유기산 등과 칼슘, 마그네슘, 칼륨 등의 무기성분으로 구성되어 있다. • 사용하기 하루 전에 물에 담가 아린맛을 제거하고 사용한다.

(2) 맛의 변화

구분	내용
맛의 대비현상 (강화)	• 두 가지 맛의 성분이 섞였을 때 주된 맛을 강하게 만드는 현상 • 짠맛은 단맛을 강하게 하고 신맛은 짠맛을 강하게 한다. 예) 단팥죽에 소금을 약간 넣으면 단맛이 강하게 느껴진다.
맛의 상승현상	• 같은 맛성분을 혼합하여 원래의 맛보다 더 강한 맛이 나는 현상 예) 설탕에 포도당을 섞으면 더 달게 느껴진다.
맛의 억제현상 (손실)	• 두 가지 맛의 성분이 섞였을 때 주된 맛을 약하게 만드는 현상 예) 커피에 설탕을 넣으면 쓴맛이 약하게 느껴진다.

맛의 변조현상	• 한 가지 맛성분을 먹은 직후 다른 맛성분을 먹으면 원래 식품의 맛을 다르게 느끼는 현상 예) 짠맛을 먹은 후 물을 먹으면 달게 느껴진다.
맛의 상쇄현상	• 서로 다른 맛성분이 혼합되었을 때 각각의 고유한 맛을 내지 못하고 약해지거나 없어지는 현상
맛의 피로현상	• 같은 맛을 계속 섭취하면 미각이 둔해져 그 맛을 알 수 없거나 다르게 느끼는 현상

(3) 식품의 냄새

풍미 : 미각과 후각, 촉각 등이 종합적으로 느끼는 맛

향 : 상쾌한 향

취 : 좋지 않은 냄새

냄새의 종류: 향신료향, 꽃향, 과일향, 수지향(테르핀유, 송정유), 부패취, 초취(탄냄새)

10) 식품의 물성

(1) 식품의 콜로이드성

종류	내용
진용액	한 물질 속에 다른 물질이 용해되어 완전히 섞여 있는 상태로 소금물과 설탕물 등이 있다. 용액(소금물, 설탕물) = 용매(물) + 용질(소금, 설탕)
교질용액 (콜로이드 용액)	한 물질 속에 다른 물질이 용해되거나 가라앉지 않고 일정하게 분산되어 있는 상태 – 졸(Sol) : 흐르는 상태로 수프나 미음, 우유 같은 것이 있다. – 겔(Gel) : 흐르지 않고 탄력성이 있으며 반고체 형태로 되어 있는 젤리나 묵, 두부, 치즈, 어묵, 된장, 마요네즈, 젤리 등이 있다. – 가역성 젤: 가열에 의해 졸과 겔 상태가 바뀔 수 있는 상태로 졸 상태의 사골국이 식으면 겔 상태가 되고 가열하면 다시 졸 상태로 변하는 것을 가역성이라 한다. – 비가역성: 가역성이 되지 않는 것. 묵, 어묵 등 – 유화액: 서로 섞이지 않는 물질을 저어주거나 매개물질(유화제)을 넣어 혼합된 형태로 액체식품에 한 물질이 작은 방울형태로 떠 있는 상태. 수중유적형으로 마요네즈, 아이스크림, 우유 등이 있고, 유중수적형으로 버터나 마가린 등이 있다.
현탁액	두 가지의 물질이 혼합되어 있다가 시간이 지나면 가라앉은 상태로 물에 전분을 섞어두면 분산상태지만 방치하면 가라앉는 상태를 말한다.

(2) 식품의 물성론

구분	내용
기포성	액체상태의 식품에 기체가 분산되는 성질
점성	액체가 흐르는 정도를 나타내는 성질
탄성	힘을 가했을 때 변형되었다가 다시 원상태로 돌아가는 성질
점탄성	점성과 탄성을 합한 것으로 밀가루 반죽 같은 상태
가소성	외부의 힘에 의해 변형되었거나 다시 돌아오지 않는 상태

2. 효소

1) 효소의 특징

구분	내용
효소의 정의	단백질로 이루어졌으며 아주 적은 양으로 식품의 분해와 합성 등의 화학작용에 촉매 역할을 한다.
효소의 이용	– 발효식품 제조에 이용: 햄, 치즈, 된장 – 식품 첨가물: 포도주의 혼탁을 예방하기 위해 펙틴 분해효소를 넣거나 육류의 연화를 위해 프로테아제를 사용한다. – 식품 제조: 전분을 분해하여 포도당을 제조하고 효소의 분해작용으로 글루타민산과 아스파라긴산을 제조한다. – 효소작용 억제: 갈변 방지를 위해 효소작용을 억제한다.
효소의 분류	– 산화, 환원 효소: 체내에서 에너지 생산에 관여하는 효소로 호흡효소라고도 한다. 산화반응, 탈수소반응, 수소첨가반응, 환원반응 등에 작용 티로시나아제(버섯, 감자, 사과 등의 갈변), 폴리페놀옥시다아제(식물성 식품의 갈변), 아스코르빅 액시드 옥시다아제(비타민 C 산화, 양배추, 오이, 당근 등), 리폭시다아제(불포화지방산의 색, 향 변화) 등이 있다. – 가수분해효소(소화효소): 식품을 작은 단위로 분해하는 효소 – 분해효소, 이성화효소, 연결효소 등이 있다.
효소작용에 영향을 미치는 인자	– 온도: 최적온도는 30~40℃로 단백질로 이루어져 온도가 높으면 활동이 느려지다가 70℃ 이상에서는 변성되어 불활성화된다. – pH: 일반적으로 최적의 pH는 4.5~8.0이고 단백질 분해효소인 펩신은 1.8, 아르기나아제의 경우 10이다. – 효소 농도와 기질 농도: 반응 초기에는 효소 농도에 비례해 빨라진다. 일정한 양의 효소 농도의 경우 기질의 농도가 높아질수록 증가하다가 어느 정도 지점에서는 변화가 없다. – 저해제와 부활제: 효소활동을 저해하는 물질과 촉진하는 물질(칼슘, 마그네슘, 망간)이 있다.

2) 소화효소의 종류

영양소	주요 기능
탄수화물	아밀라아제(amylase, 침, 입) : 전분 → 덱스트린 + 맥아당 수크라아제(sucrase, 소장) : 설탕 → 포도당 + 과당 말타아제(maltase, 소장): 맥아당 → 포도당 + 포도당 락타아제(lactase, 소장) : 젖당 → 포도당 + 갈락토오스
단백질	펩신(pepsin, 위액): 단백질 → 펩톤 펩티다아제(peptidase, 소화액): 펩티드 → 아미노산 트립신(trypsin, 췌액, 장액): 단백질 → 펩티드, 아미노산
지질	리파아제(lipase, 췌장액): 지방 → 글리세린 + 지방산

3) 식품의 소화

- 음식물이 체내에 들어와 분해 · 흡수되기 쉬운 형태로 변하는 과정을 말한다.

분류	내용
입	기계적 소화: 저작작용으로 음식물이 씹혀서 잘게 잘리거나 으깨짐 화학적 소화: 침 속 아밀라아제에 의해 전분이 분해됨
위장	기계적 소화: 음식물의 이동과 혼합을 위해 연동운동과 분절운동이 이루어짐 화학적 소화: 위산(HCl)에 의해 살균작용과 함께 펩신을 펩시노겐으로 활성화 펩신: 단백질을 폴리펩티드로 분해 리파아제: 지방을 지방산과 글리세롤로 분해 레닌: 우유의 단백질인 카세인을 응고
소장	기계적 소화: 음식물의 이동과 혼합을 위해 연동운동과 분절운동이 이루어짐 화학적 소화: 췌장액, 담즙, 장액 등이 분비되어 영양소를 분해 소장 내벽의 융털을 통해 영양소 흡수 대장에서는 수분과 나트륨 등을 흡수

3. 식품과 영양

1) 6대 영양소의 분류와 주요 기능

영양소	주요 기능
열량 영양소	• 탄수화물: 4kcal, 지질: 9kcal, 단백질: 4kcal의 열량이 발생한다. • 체온 유지, 신체활동 등의 생명 유지에 필요한 에너지원이다.
구성 영양소	• 단백질, 무기질, 물 • 근육, 뼈, 혈액, 체액 등의 인체를 구성하는 영양소이다.
조절 영양소	• 비타민, 무기질, 물 • 체내 항상성 유지 및 생리기능을 조절하는 영양소이다.

2) 기초식품군

식품군	내용	1일 섭취량
곡류 및 전분류	• 탄수화물 급원식품 • 신체활동과 뇌활동의 에너지원 • 밥, 빵, 국수, 과자, 떡 등	• 55~70% • 매일 2~4회 정도
육류 · 어패류 우유 · 두류	• 단백질 급원식품 • 신체의 근육, 혈액 등을 구성하고 호르몬이나 효소활동을 조절함	• 15~20% • 매일 3~4회 정도
채소류 · 과일류	• 비타민 및 무기질의 급원식품 • 몸의 기능을 조절하고, 무기질을 뼈나 치아를 구성함	• 채소: 매끼니 2가지 이상 • 과일: 매일 1~2개
우유 및 유제품	• 단백질과 무기질의 구성식품 • 뼈와 치아 구성물질 • 우유, 요구르트, 치즈, 요플레 등	• 매일 1~2잔
유지류	• 몸의 구성요소이며 에너지원으로 사용됨 • 에너지 생성과 체온유지, 신체보호의 기능을 함 • 식용유, 버터, 마요네즈, 마가린, 라드유 등	• 15~30%

한식 구매관리

1. 시장조사 및 구매관리

1) 시장조사

구분	내용	
조사 내용	시장조사: 구매에 필요한 자료를 수집하고 비교 분석하여 비용절감과 이익증대를 도모하고 앞으로의 시장가격을 예측한다. 목적: 구매에 필요한 예산과 합리적인 구매계획을 세워 식품을 구매하고 적정한 가격의 식단 작성과 신메뉴 개발 등을 할 수 있다. 조사 내용: 품목, 품질, 수량, 가격, 구매시기, 구매 거래처, 거래조건 조사 종류: 기초시장조사, 품목별 조사, 거래처 업태별 조사, 유통업체별 조사	
조사 원칙	비용 경제성의 원칙	시장조사 비용과 효용성 간에 조화를 이룬다.
	조사 적시성의 원칙	필요한 시기에 구매업무 수행과정이 이루어지도록 한다.
	조사 탄력성의 원칙	시장에서의 수급과 가격 등의 변화에 따라 대응할 수 있다.
	조사 계획성의 원칙	구체적인 계획을 가지고 진행한다.
	조사 정확성의 원칙	조사한 내용이 정확해야 한다.

2) 식품 구매관리

구분	절차
구매관리	식품을 구매하기 위해 적절한 시기에 필요한 수량을 최소의 가격으로 최고 품질의 재료를 구입하기 위해 계획하고 관리하는 활동을 말한다.
구매순서	품목의 종류 및 수량 결정 → 용도에 맞는 제품 선택 → 식품 명세서 작성 → 공급자 선정 및 가격 결정 → 발주 → 납품 → 검수 → 대금 지불 및 물품 입고 → 보관

3) 식품 재고관리

<table>
<tr><th>재고관리법</th><th colspan="2">내용</th></tr>
<tr><td>선입선출법(FIFO)</td><td colspan="2">먼저 구입한 재료부터 먼저 소비하는 것</td></tr>
<tr><td>후입선출법(LIFO)</td><td colspan="2">나중에 구입한 재료부터 먼저 사용하는 것</td></tr>
<tr><td>개별법</td><td colspan="2">재료를 구입 단가별로 가격표를 붙여서 보관하다가 출고할 때 그 가격표에 붙어 있는 구입 단가를 재료의 소비가격으로 하는 방법</td></tr>
<tr><td rowspan="2">평균법</td><td>단순평균법</td><td>일정기간 동안 구입단가를 구입 횟수로 나눈 구입 단가의 평균을 재료 소비 단가로 하는 방법</td></tr>
<tr><td>이동평균법</td><td>구입 단가가 다른 재료를 구입할 때마다 재고량과의 가중 평균가를 산출하여 이를 소비재료의 가격으로 하는 방법</td></tr>
</table>

2. 검수관리

1) 식재료의 품질 확인 및 선별

<table>
<tr><th>구분</th><th colspan="2">내용</th></tr>
<tr><td>검수절차</td><td colspan="2">납품 물품과 발주처 → 납품서 대조 → 품질 검사 → 물품의 인수 또는 반품 → 인수 물품 입고 → 검수 기록 및 문서 정리</td></tr>
<tr><td rowspan="3">검수법</td><td colspan="2">순서: 냉장식품 → 냉동식품 → 신선식품(과일, 채소) → 공산품</td></tr>
<tr><td>전수검사법</td><td>납품된 물품(식자재)을 하나하나 전부 검사하는 방법으로 품목이 다양하거나 고가의 품목에 사용하는 방법</td></tr>
<tr><td>발췌검수법
(샘플링법)</td><td>납품된 물품(식자재) 중에서 일부 품목을 뽑아 검사하고 그 결과를 판정 기준과 대조하여 적합 여부를 결정하는 방법</td></tr>
<tr><td rowspan="2">검수 온도계</td><td>적외선 온도계</td><td>식품 검수 시 가장 많이 사용하며, 비접촉식이므로 제품이 손상되지 않는다는 장점이 있지만, 표면 온도만 측정 가능</td></tr>
<tr><td>탐침 심부
온도계</td><td>식품 내부 온도 측정 가능</td></tr>
</table>

3. 원가

1) 원가의 의의 및 종류

구분	내용	
원가의 개념과 목적	개념: 일정한 제품의 제조, 판매, 서비스 제공을 위해 소비된 경제가치 목적: 가격 결정, 원가 관리, 예산 편성, 재무제표 작성	
원가의 3요소	재료비	제품의 제조에 소비된 물품의 원가로 재료소비량에 단가를 곱하여 계산한다.
	노무비	제품 제조에 소비된 노동의 가치로 임금, 급여, 수당 등이 있다.
	경비	제품 제조에 소비된 재료비와 노무비 외의 비용으로 전기, 수도, 가스, 보험료, 감가상각비 등이 있다.
원가의 종류	직접비	특정 제품에 직접 부담시킬 수 있는 비용
	간접비	여러 제품에 공통 또는 간접적으로 소비되는 비용

2) 원가 계산식

구분	1일 섭취량
직접원가	직접재료비(주재료)+직접노무비(임금)+직접경비(외주 가공비)
제조 간접비	간접재료비(양념류)+간접노무비(수당)+간접경비(감가상각비, 수선비, 보험료 등)
제조원가	직접원가+제조간접비
총원가	제조원가+판매관리비
판매가격	총원가+이익

3) 원가 계산의 원칙

진실성의 원칙, 발생기준의 원칙, 계산 경제성(중요성)의 원칙, 확실성의 원칙, 정상성의 원칙, 비교성의 원칙, 상호관리의 원칙

4) 손익분기점

이익도 손실도 발생하지 않으며, 한 기간의 매출액이 당해 기간의 총비용(고정비+변동비)과 일치하는 기점

5) 감가상각

시간이 지남에 따라 감소하는 자산의 가치를 내용, 연수에 일정한 비율로 할당하여 비용화하는 것을 말하며, 이때 감가된 비용을 감가상각비라 함

한식 기초 조리실무

1. 조리 준비

1) 조리의 정의 및 기본조작

(1) 조리의 정의와 목적

인간은 생명 유지와 성장 등의 건강한 생활을 유지하기 위해 다양한 음식물을 섭취해 왔다. 불의 발견 이후 인류문명의 발달과 함께 과학기술이 발달하면서 기호에 맞으면서 인체에 필요한 영양소를 구분하여 안전하고 위생적으로 조리하여 섭취할 수 있게 되었다. 즉 조리란 사람이 음식을 섭취하기 위해 식품을 가공 처리하는 모든 과정을 말한다. 조리의 목적은 식품의 기호도를 높이고, 영양소의 소화 흡수를 용이하게 하며, 위생적으로 안전하고 저장성을 높이는 데 있다.

(2) 기본조작

① 세척

식품 조리의 안정성을 확보를 위한 첫 번째 단계로, 식품에 부착된 이물질, 기생충, 농약 등의 유해물질과 오염물질의 제거를 목적으로 한다. 수용성 성분이 유출을 막기 위해 단시간에 흐르는 물에 씻도록 하며 중성세제를 이용하여 효과를 높일 수 있다. 수산물의 경우 소금물을 이용하여 세척하고 세척 후 잘라서 조리한다.

② 수침(불리기)

수침은 쌀, 콩 등의 곡류와 미역, 시래기, 버섯 등의 건조한 식품을 물에 담가 물을 흡수시키는 것으로, 식품의 조직을 부드럽게 만들어 조리시간을 단축한다. 도라지나 우엉, 고들빼기 등의 식품에서는 떫은맛이나 쓴맛 등의 불필요한 성분을 제거하는 효과가 있다. 식품마다 물이나 설탕물, 소금물 등의 조미액을 사용하고 흡수되는 양이 다르며, 온도에 영향을 받는다. 그러나 너무 오래 수침하면 수용성 영양소의 손실이 생길 수 있으므로 적절한 시간만 해야 한다.

③ 썰기

식품에서 껍질, 씨, 뿌리, 비늘, 지느러미 등 식용하지 못하는 부분을 제거하고, 식품의 표면적을 넓혀 조리시간을 단축한다. 또한 섭취하기 좋은 모양과 크기로 만들거나 단단하고 질긴 식품의 경우 부드럽게 만들어 식품 섭취의 기호도와 소화 흡수를 높일 수 있다.

④ 분쇄와 마쇄

분쇄는 수분함량이 적은 고체형태의 식품을 작은 입자의 가루로 만드는 것으로, 주로 건조식품이나 곡물 등을 분말로 만들며, 마쇄는 수분을 함유한 식품을 으깨거나 다져서 식품의 조직을 작게 만드는 것으로 주로 불린 콩, 녹두, 과채류 등의 조리에 사용한다.

⑤ 혼합, 교반

두 가지 이상의 식품을 균질하게 섞는 것을 혼합 또는 섞기라고 할 수 있는데 식품을 가열할 때 열이 고르게 전달되도록 할 때도 사용한다. 교반은 저어주거나 기구를 사용하여 재료의 물성이나 맛, 색, 향 등이 새로워지는 것으로 블렌딩이라고 한다.

⑥ 냉각과 냉동

냉각은 식품의 온도를 식히기 위한 목적으로 상온에서 자연바람에 식히거나 냉수에 담그거나 냉장고에 넣어 식히는 방법이 있다. 냉동은 식품을 0℃ 이하로 냉각하여 식품 내 수분을 동결시키는 것으로 −18℃ 아래에서 급속동결해야 수분의 입자가 작게 동결되어 식품의 품질저하를 낮출 수 있다.

⑦ 해동

냉동식품을 전의 상태로 녹이는 것으로 해동할 때는 식품의 내부온도와 외부온도의 차이를 적게 하여 원래의 상태에 가깝도록 천천히 해동하는 것이 좋다.

2) 재료 썰기

① **원형(둥글게)썰기** – 무, 당근, 호박, 오이, 연근 등 단면이 둥근 채소는 평행으로 놓고 위에서부터 눌러 썬다. 조림, 국에 이용된다.

② **반달썰기** – 무, 고구마, 감자, 당근, 가지 등 통으로 썰기에 너무 큰 재료들은 길이로 반을 가른 후 썰어 반달모양이 되게 하고 찜에 이용된다.

③ **은행잎썰기** – 재료를 길게 십자로 4등분한 다음 은행잎 모양으로 고르게 썬 것으로 조림이나 된장찌개, 탕수육에 이용된다.

④ **얄팍썰기(편썰기)** – 재료를 원하는 길이로 토막낸 다음 고른 두께로 얇게 썰거나 재료를 있는 그대로 얄팍하게 써는 법이다. 무침, 볶음에 이용한다.

⑤ **어슷썰기** – 오이, 당근, 파, 아스파라거스 등 원통형이면서 약간 가는 것을 칼을 옆으로 비껴 적당한 두께로 어슷하게 썬다. 채썰기 전에도 어슷하게 썬다.

⑥ **골패썰기** – 재료를 직사각형 모양으로 써는데 너비는 2~2.5cm, 길이는 5cm 정도, 두께는 0.5cm 정도로 납작납작하게 썬다. 신선로, 볶음 등에 썬다.

⑦ **나박썰기** – 둥근 것은 2~3cm로 썬 후 세로로 얄팍하게 나박나박 썬다. 나박김치나 맑은국에 주로 쓰인다. 오래 끓이는 찌개에 넣을 때는 약간 도톰하게 썬다.

⑧ **깍둑썰기** – 무, 감자, 두부 등을 막대썰기한 다음 다시 주사위처럼 썬 것으로 깍두기, 조림, 찌개에 이용한다. 일정한 크기로 썰어야 보기 좋다.

⑨ **채썰기** – 얇게 썬 것을 비스듬히 포개 놓고 손으로 가볍게 누르면서 가장자리부터 세로로 가늘게 썬다. 생채, 무침, 볶음의 조리법에 쓰이고 생선회에 곁들이는 채소를 썰 때 이용된다.

⑩ **다져썰기** – 채썬 것을 가지런히 모아 잘게 썬 후 칼끝을 왼손으로 누르고 뒷면만을 아래위로 움직인다. 곱게 다지려면 먼저 채를 곱게 썰어야 한다. 흩어진 재료는 모아서 다시 썬다. 양념 만드는 데 이용한다.

⑪ **막대썰기** – 재료를 원하는 길이로 토막낸 다음 1cm×4cm 정도의 길이로 썬다. 떡볶이, 산적 등 길고 네모진 재료가 들어가는 음식에 넣는다.

⑫ **마구썰기** – 오이, 당근 등 비교적 가늘고 긴 재료들을 한 손으로 빙빙 돌려가며 한입 크기로 작아지게 써는 방법이다. 단단한 채소의 조림에 쓴다.

⑬ **저며썰기** – 고기나 생선, 표고버섯 등을 얇고 넓적하게 썰 때 재료를 도마에 놓고 윗부분을 눌러 잡고 칼을 옆으로 뉘어서 포를 뜨듯이 썬다. 칼끝을 뉘어서 재료에 넣은 다음 안쪽으로 잡아당기는 느낌으로 썬다.

⑭ **빗살모양썰기** – 사과, 양파 등 둥근 것은 세로로 반을 가른 후 가운데를 중심으로 세워 놓은 채로 썬다.

⑮ **토막썰기** – 파, 미나리 등 가는 줄기의 것들을 여러 개 모아 적당한 길이로 끊는 듯이 썬다.

⑯ **솔방울썰기** – 오징어볶음 또는 회로 낼 때 큼직하게 모양내어 써는 방법이다. 오징어 안쪽에 사선으로 칼집을 넣고 다시 엇갈려 비스듬히 칼집을 넣은 다음 끓는 물에 살짝 데쳐서 모양을 낸다.

⑰ **송송썰기** – 파, 고추를 동그랗게 송송써는 방법으로 국에 고명으로 사용한다.

⑱ **모서리 다듬기** – 당근, 감자 등 재료의 모서리를 얇게 도려내어 둥글게 다듬는다.

⑲ **깎아썰기** – 우엉 등의 재료를 연필 깎듯이 돌려가면서 얇게 썬다.

⑳ **돌려깎기** – 오이, 당근 등을 4~5cm 정도 자른 후 껍질을 얄팍하게 돌려가며 깎는다.

3) 기본 칼 기술 습득

(1) 칼

경험이 풍부한 조리인은 칼을 가장 소중히 여긴다. 음식물을 만드는 속도에도 관련이 있지만, 그의 업무에 대한 직업적인 표현을 위하여 끝마무리는 절단이 항상 깨끗하고 매끄러워야 하기 때문이다. 이러한 이유로 유능한 조리인들은 자신만을 위한 나이프 세트를 개인적으로 구입하여 자기 소유임을 표시하여 다른 사람들은 사용하지 못하게 하고 있다. 또한 출근과 동시에 매일 칼을 가는 것이 습관이 되어야 한다.

(2) 칼 다루는 법

① 식도의 선택

우선 용도에 맞는 치수와 종류의 것을 선택하고, 자루 쪽에서 보아 칼등이 직선인 것, 이가 빠지지 않은 것, 칼자루가 단단히 박힌 것을 고른다. 칼끝으로는 뼈에 붙은 육류나 생선, 새우, 포 등을 뜨며 칼등을 이용해서는 우엉껍질을 벗긴다던지, 고기를 다질 때 사용한다. 칼배를 이용해서는 두부나 새우를 으깨며, 칼밑으로는 셀러리, 고구마, 감자 등의 껍질을 벗길 때 사용한다.

② 칼 사용법

칼은 힘을 주지 말고, 가볍게 쥐어야 한다. 잡아당겨 썰기, 밀어 썰기, 눌러 썰기 등이 있으며 칼날의 각도가 적을수록 아래로 누르는 힘에 대하여 양측으로 가르는 힘이 크게 작용한다. 채소류를 썰 때에는 이 이치가 꼭 알맞으나 단단한 재료의 경우에는 두껍고 무게가 있는 칼이 오히려 편리하다. 생선을 회로 썰 때에는 칼을 움직이면서 내리밀면서 썰어야 하나, 뒤로는 밀지 말고 앞으로 잡아당기는 칼질을 해야 한다.

- **잡아당겨 썰기** : 오징어 칼집낼 때
- **밀어 썰기** : 채썰 때, 토막낼 때, 샌드위치, 김밥
- **눌러 썰기** : 다질 때

(3) 칼과 도마의 종류

① **칼** : 육류용 칼, 채소용 칼, 저미는 칼 등 그 모양이 각기 다르다. 칼에는 다듬는 칼에서부터 생선을 잘라내는 큰 칼, 다지는 데 무게가 있는 칼, 저미는 얇은 칼 등이 있다.

② **도마** : 빵이나 냄새나지 않는 것을 자르는 도마, 생선이나 육류용으로 사용하며 소독할 수 있는 도마, 토막 칠 수 있는 도마 등이 있다. 도마를 사용할 때에는 건조한 채 쓰지 말고, 일단 물로 씻어 내리고 행주로 잘 닦은 뒤에 사용해야 한다. 도마를 건조한 채 사용하면 나무 도마의 경우 요리재료가 도마의 나뭇결에 스며들고 물에 젖은 채 쓰게 되면 재료의 맛이 떨어지게 된다.

※**생선용** : 찬물로 한 번 닦고 더운물로 닦아야 단백질이 응고되지 않고 냄새가 나

지 않는다. 플라스틱 도마가 위생적이기는 하나 나무도마가 더 좋으며 도마의 크기는 폭 30cm, 길이 40cm 정도 되는 것이 쓰기에 편리하다.

(4) 칼의 손질

칼은 산이나 소금기에 약하므로 사용한 후 꼭 따뜻한 물에 씻어 물기를 닦아내고 보관한다.

(5) 숫돌 사용법

① 각도는 45°로, 칼등과 숫돌과의 사이는 10원짜리 동전 하나 두께로 하고, 밀 때는 힘을 주고 잡아당길 때는 힘을 뺀다. 뒤집어서 갈 때는 반대로 잡아당길 때 힘을 준다.(4~6회 반복)

② 이가 빠진 칼날은 거친 숫돌에 갈면 칼날이 일정해진다. 숫돌에 물을 끼얹어 물기가 골고루 배어든 후에 갈기 시작하며, 칼은 1주일에 한 번은 갈아야 한다.

4) 조리기구의 종류와 용도

① **가스레인지(Gasrange)**: 음식을 가열할 때 사용하는 것으로 주로 LNG가스를 연료로 하거나 LPG가스를 연료로 하고, 주방의 규모에 따라 화구의 크기나 개수가 달라진다.

② **인덕션(Induction)**: 가열기구로 상판이 세라믹으로 되어 있고 불꽃이 없다. 전기를 이용하여 가열속도가 빠르고 온도조절이 용이하다.

③ **식품 절단기(Food cutter)**: 육류를 썰 때 사용하는 슬라이서(Slicer), 채소류를 썰 때 사용하는 베지터블 커터(Vegetable cutter), 식품을 다질 때 사용하는 푸드 초퍼(Food chopper), 육류를 다지는 민서기(Mincer) 등이 있다.

④ **필러(Peeler)**: 감자, 당근, 무, 오이 등 채소의 껍질을 벗길 때 사용한다.

⑤ **샐러맨더(Salamander)**: 생선이나 스테이크 등을 구울 때 윗불 직화방식으로 굽는 기구이다.

⑥ **그리들(Griddle)**: 철판을 가열하여 전이나 부침류를 조리할 때 사용하는 기구이다.

⑦ **브로일러(Broiler)**: 주로 스테이크를 구울 때 석쇠무늬를 내어 굽는 기구로 직접 이나 간접 복사열을 사용한다.

⑧ **블렌더(Blender)**: 주로 액체형의 식품을 섞거나 혼합할 때 사용하는 기구이다.

⑨ **믹서(Mixer)**: 여러 가지 재료를 혼합, 분쇄하는 기구이다.

⑩ **휘퍼(Whipper)**: 달걀을 거품내거나 묽은 반죽을 할 때 사용하는 거품기이다.

5) 식재료 계량법

음식을 성공적으로 만드는 데는 재료의 정확한 계량이 필수적이다. 재료를 정확하게 계량하려면 계량기구를 이용해 정확하게 측정하는 방법을 숙지하고 습관화하는 것이 필요하다.

재료의 양은 무게를 측정하거나 부피를 측정하여 계량할 수 있다. 정확한 저울로 정확히 계량한다면 무게로 계량하는 것이 부피로 하는 것보다 더 정확하다. 그러나 부피를 재는 것이 더 쉽고 편리해서 일상생활에서 대부분의 레시피는 재료의 무게보다 부피로 계량하고 있다. 부피는 리터(L), 밀리리터(ml), 무게는 그램(g), 킬로그램(kg)으로 나타낸다.

(1) 부피 측정

부피를 재기 위한 계량기구에는 계량컵과 계량스푼이 있는데, 한국식 1컵은 200cc로 사용하며 미국의 1컵은 240cc이다. 계량컵과 계량스푼을 사용할 경우 기름 등 액체는 계량컵의 눈높이를 맞추어서 계산한다. 물을 기준으로 할 경우 50g(¼컵), 100g(½컵), 150g(⅔컵), 200g(1컵)의 4개가 한 조로 구성되어 있거나 1개의 컵에 눈금으로 4종류가 표시되어 있는 두 종류가 있다. 계량스푼은 조미료의 부피를 측정하는 데 사용되며, Ts(Table spoon, 큰술), ts(tea spoon, 작은술)로 표시한다.

(2) 무게 측정

가정에서 무게를 달기 위해서는 용량이 작으면서 그램 단위까지 정확하게 측정할 수 있는 것이 좋다. 재료의 무게를 정확하게 측정하려면 저울의 정면에서 바늘을 0으로 맞춘 후 재료를 올려놓고 재어야 한다. 사용하지 않을 때는 저울에 아무것도 올려 놓지 않도록 한다. 전자저울을 사용하면 정확하게 계량할 수 있으며 일상에서 많이 사용하는 식품들은 목측량(눈대중량)을 알고 있으면 더욱 편리하다.

(3) 계량방법

① 가루상태의 식품

가루상태의 식품은 덩어리가 없는 상태(체에 친다)에서 누르지 말고 수북이 담아 편편한 것으로 고르게 밀어 표면이 평면이 되도록 깎아서 계량하도록 한다. 특히 밀가루나 설탕 등은 덩어리가 있으면 대강 부수어 이를 체에 쳐서 계량컵이나 계량스푼에 가볍게 담고 표면을 평면이 되도록 깎아서 계량한다. 황설탕은 꼭꼭 눌러 컵 모양이 나오도록 하여 계량한다.

② 액체식품

기름, 간장, 물, 식초 등의 액체식품은 투명한 용기를 사용하며 표면장력이 있으므로 계량컵이나 계량스푼에 약간 솟아오를 정도로 가득 채워서 계량한다.

③ 고체식품

된장이나 다진 고기 등의 고체식품은 계량컵이나 계량스푼에 빈 공간이 없도록 채워서 표면을 평면이 되도록 깎아서 계량한다.

④ 알갱이상태의 식품

쌀, 팥, 통후추, 깨 등의 알갱이상태의 식품은 계량컵이나 계량스푼에 가득 담아 살짝 흔들어서 표면을 평면이 되도록 깎아서 계량한다.

⑤ 농도가 있는 양념

된장이나 고추장 등 농도가 있는 식품은 계량컵이나 계량스푼에 꾹꾹 눌러 담아 편편한 것으로 고르게 밀어 표면이 평면이 되도록 깎아서 계량한다.

(4) 계량단위

1컵 = 1Cup = 1C = 물 200cc = 약 13큰술 + 1작은술

1큰술 = 1Table spoon = 1Ts = 물 15cc = 3작은술

1작은술 = 1tea spoon = 1ts = 물 5cc

6) 조리장의 시설 및 설비 관리

- **조리장의 3원칙**: 오염방지를 위한 위생성, 조리과정의 효율성을 위한 능률성, 내구성과 비용 면에서의 경제성
- 작업대의 높이는 신장의 52% 정도인 80~85cm 정도에, 너비는 55~60cm 정도가 적합하다.
- 작업대의 순서는 준비대, 개수대, 조리대, 가열대, 배선대 순으로 배치한다.
- **벽, 창문**: 창 면적은 바닥의 20% 정도가 적당하며 30메쉬 이상의 방충망을 설치
- **조명시설**: 객석은 30Lux(유흥음식점은 10Lux), 단란주점 30Lux, 조리실 50Lux 이상

(1) 조리공간의 안전과 화재 예방

조리장의 규모가 대형화되고 각종 기기들의 도입이 늘어나 이제는 조리공간이 커다란 공장을 연상케 한다. 이렇게 조리장의 대형화는 재해에서도 대형사고를 유발하게 되어 인명 또는 재산상의 손실을 불러일으키고 있다. 따라서 안전은 주방 또는 관련된 사업장에서 발생할 수 있는 신체상, 재산상의 피해를 사전에 예방할 수 있는 대책과 실행을 의미한다.

우선 개인적으로 조리 시에 발생할 수 있는 각종 사고요인을 파악하고 조리 시 안전수칙에 대한 주의를 기울인다면 사고발생을 현저하게 줄일 수 있을 것이다.

① 조리사의 개인 안전수칙

- 칼을 사용할 때는 시선을 칼끝에 두고 자세를 안정되게 잡는다.
- 작업장 내에서는 절대 뛰지 않는다.
- 칼이나 위험한 물건들은 다른 사람들의 눈에 잘 띄는 곳에 두며 안전한 보관함을 이용한다.
- 칼을 떨어뜨렸을 때는 손으로 잡지 말고 한 걸음 물러나 피한다.

- 바닥은 항상 마른 상태를 유지하고 기름이나 물이 떨어졌을 때는 즉시 닦는다.
- 뜨거운 용기를 잡을 때는 마른행주를 이용한다.
- 무거운 짐이나 뜨거운 음식을 옮길 때는 주위를 환기시킨다.
- 조리복은 몸에 맞고 열전달이 느린 면 종류를 선택하며 신발은 기준 안전화를 착용한다.
- 구급함을 비치하고 구급품을 정기적으로 점검한다.

② 조리기기 안전
- 물 묻은 손으로 전기기구를 조작하지 않는다.
- 기구를 청소할 때는 스위치를 확인하고 콘센트를 뽑은 다음 닦는다.
- 기계작동 순서와 안전수칙을 숙지하고 사용한다.
- 물청소를 할 때 장비나 스위치에 물이 튀지 않도록 한다.
- 육가공 절단기를 사용할 때는 안전장비를 갖추고 이용한다.
- 룸 냉장, 냉동실의 경우 안에서 잠금장치를 해제할 수 있는 시설을 갖춘다.
- 슬라이스(slice) 기계나 초퍼(chopper) 사용 시 재료 외에 다른 이물질이 들어가지 않도록 각별히 주의한다.
- 기계 사용 시 작업이 완전히 끝날 때까지 자리를 비우지 않는다.

③ 가스 사용 시 주의사항
- 가스의 성질에 대한 사전지식을 숙지한다.
- 가스기구를 사용하기 전 환기를 생활화한다.
- 화기 주변에 가연성 물질을 놓지 않는다.
- 연소기 주변을 정기적으로 청소하여 이물질이 생기지 않도록 한다.
- 가스냄새가 나면 코크 밸브는 물론이고 중간 밸브를 꼭 잠근 다음 환기한다.
- 가스기기에서 조리 시 자리를 뜨지 않는다.
- 정기적인 가스 안전교육으로 예방의식을 강화한다.

④ 화재예방과 초기진압
- 가스기기 최초 사용자는 밸브의 개폐 여부, 누설 여부를 확인하고 안전이 확보된

다음 점화한다.

- 소화기는 눈에 잘 띄는 곳에 설치하고 사용법을 숙지한다.
- 용량에 맞는 전기기구와 가스기기를 사용한다.
- 조리작업 종료 시에는 코크–중간 밸브–메인 밸브의 순으로 잠그고, 메인 밸브에는 시건장치를 한다.
- 화재진압체계를 구축한다.
- 화재 발생 시 침착하게 판단하고 초기 화재 시 소화기로 불길을 제압한다.
- 초기 진화할 수 있다고 판단될지라도 방제실 또는 비상 관제실에 연락한다.
- 화재 발생 시 주위 근무자에게 즉시 알린다.

2. 식품의 조리원리

1) 농산물의 조리 가공 · 저장

(1) 전분(곡류)

조리원리	내용
전분의 호화 (전분의 α화)	• 전분에 물을 넣고 가열하면 점성이 생기고 부풀어 오르는 현상 • 호화의 3단계: 수화 단계 → 팽윤 단계 → 콜로이드 상태로 되는 단계 • 전분의 호화에 영향을 주는 요인 – 전분의 종류: 아밀로오스와 아밀로펙틴으로 구성. 아밀로펙틴은 호화, 노화가 어렵다. – 전분입자의 크기: 쌀과 같이 입자가 작을수록 호화온도가 높고 감자와 같이 입자가 큰 전분의 호화온도가 낮다. – 수분함량: 수분함량이 많을수록 호화가 쉽다. – 가열온도: 온도가 높을수록 호화가 빠르다. – 수소이온농도(pH): 높은 pH(알칼리성)에서는 호화가 촉진된다. – 젓기 정도: 초기에는 호화를 촉진하나 지나치게 되면 전분입자가 파괴되어 점도가 낮아진다. – 당: 호화를 느리게 하고 투명도를 증가시키나 점도가 감소한다.

<table>
<tr><td>전분의 노화
(전분의 β화)</td><td colspan="2">• 호화된 전분을 공기 중에 방치하면 분자구조가 다시 규칙적으로 정렬되어 생전분의 구조와 같은 형태로 변하는 현상
• 노화 방지법
– 수분함량 15% 이하 또는 60% 이상으로 유지
– 온도 0℃ 이하 또는 60℃ 이상으로 유지
– 아밀로펙틴의 함량이 높을수록 노화가 늦어진다.
– 설탕 또는 지방이나 유화제의 첨가로 노화를 늦출 수 있다.
– 감자와 고구마 같은 전분의 입자가 클수록 잘 노화되지 않는다.</td></tr>
<tr><td>전분의 호정화
(덱스트린화)</td><td colspan="2">• 전분을 160~170℃의 건열로 가열하면 용해성이 생기고 점성이 낮아지며 맛이 구수하고 색이 갈색으로 변하는 현상
• 미숫가루, 누룽지, 빵굽기, 보라차 등에 활용</td></tr>
<tr><td>전분의 당화</td><td colspan="2">• 전분을 당화효소나 산을 이용해서 가수분해하여 단당류, 이당류 또는 올리고당으로 만들어 감미를 얻는 과정
• 조청, 물엿, 식혜 등에 활용</td></tr>
<tr><td>전분의 젤화</td><td colspan="2">• 전분에 찬물을 넣고 가열하여 호화한 후 냉각시키면 굳어지는 과정
• 메밀, 동부, 녹두, 옥수수 등은 젤화가 잘 이루어지나 고구마, 감자, 타피오카 등은 잘 일어나지 않는다.
• 도토리묵, 청포묵, 메밀묵, 앵두편 등에 활용
• 산을 첨가하면 젤이 잘 형성되지 않으며, 당과 지질을 첨가하면 젤의 굳기가 약해진다.</td></tr>
<tr><td rowspan="4">밀가루의 종류
(글루텐 함량에 따라)</td><td colspan="2">• 밀가루에 물을 넣고 반죽하면 글리아딘과 글루테닌이 결합하여 3차원의 망상구조인 글루텐을 형성하는데 글루텐 함량이 높을수록 점성과 탄성이 강하다.</td></tr>
<tr><td>강력분(13% 이상)</td><td>식빵, 파스타, 피자, 마카로니, 하드롤</td></tr>
<tr><td>중력분(10~13%)</td><td>소면 · 우동 등의 면류, 칼국수, 만두피, 크래커</td></tr>
<tr><td>박력분(10% 이하)</td><td>케이크, 비스킷, 과자, 튀김옷</td></tr>
</table>

(2) 콩류

구분	내용
두부	• 콩 단백질인 글리시딘은 수용성으로 90% 정도 용출되며 칼슘과 마그네슘염에 의해 응고된다. • 응고제: 염화마그네슘, 염화칼슘, 황산칼슘, 글루코노델타락톤
콩나물 (콩, 녹두)	• 콩을 불려 시루에 담아 어두운 곳에 두고 물을 주어 싹을 틔운다. • 비타민 C와 아스파라긴산, 식이섬유가 풍부하다.
청국장	• 콩을 불린 후 삶아 볏짚을 넣어 40℃에 2~3일간 띄운 것으로 볏짚 속이 발효균(고초균)에 의해 발효되어 끈끈한 실이 생긴다.

간장, 된장	• 콩을 불리고 삶아 찧어서 네모난 모양으로 만들어 말리고 띄우기를 반복하여 흰곰팡이(백곡균)를 만들어 소금물에 담가 2개월 정도 발효시켜 나눈 것으로 액체는 간장이고 나머지는 된장이다.

(3) 채소류

구분	내용
엽채류	배추, 양배추, 상추, 시금치, 깻잎, 쑥갓 등
인경채류	파, 마늘, 양파, 부추
경채류	셀러리, 아스파라거스, 죽순, 두릅 등
근채류	무, 당근, 우엉, 연근, 생강, 도라지 등
과채류	가지, 호박, 오이, 토마토, 고추 등
화채류	브로콜리, 콜리플라워, 아티초크 등

(4) 과채류의 조리

구분	내용	
색소성분	클로로필	• 청록색의 클로로필과 황록색의 클로로필이 있다.
	카로티노이드	• 황색, 주황색, 적색소. 대표적 당근
	플라보노이드	• 안토잔틴 – 플라본, 플라보놀, 플라바논, 플라바놀 등으로 산성에서는 백색, 알칼리성에서는 황색을 띤다. • 안토시아닌 – 빨간색, 보라색, 파란색 계통
	베타레인	• 사탕무, 근대, 비트 등의 붉은색 또는 노란색
	타닌	• 무색의 폴리페놀 성분. 밤, 도토리, 차 등에 있다. • 산소와 결합하면 갈변하고, 철분과 결합하면 암녹색, 흑청색의 착화합물로 된다.
조리 특성	데치기	• 녹색의 채소를 데치면 초록색이 진해지고 알칼리에서는 색이 안정화되므로 중조를 넣으면 선명한 녹색이 된다.
	향미의 변화	• 마늘과 양파는 익히면 단맛이 증가한다. • 무와 파는 오래 가열하면 냄새가 좋지 않다. • 쓴맛이 강한 채소는 데친 후 헹궈서 사용한다.
	펙틴 젤 형성	• 펙틴이 함유되어 있는 과일에 설탕을 넣고 오래 조려 잼 형성. 레몬즙(산)을 첨가하면 젤리 형성이 촉진된다.

건조	• 녹색 채소는 효소 불활성화를 위해 데쳐서 말린다. • 말릴 때는 건조기를 이용해 빨리 건조한다. • 말린 채소와 과일은 2분 정도 끓이거나 따뜻한 물에서 빨리 불리는 것이 영양소 손실이 적다.
당 저장, 통조림	• 설탕을 이용하여 잼이나 발효액을 만든다. • 가열하여 진공포장한 통조림은 향미와 조직에 변화가 일어난다. 당이나 소금을 첨가하여 만든다.
절임	• 채소나 과일에 소금, 당, 식초 등으로 절이면 수분이 빠지고 부피가 줄면서 부드러워진다. • 소금 절임 시 소금의 농도가 높고, 가하는 압력이 높고, 온도가 높을수록 빨리 진행된다.

2) 축산물의 조리 및 가공

구분	내용
육류	• 소, 돼지, 양, 염소, 닭, 오리, 칠면조 등의 단백질 식품군이다. • 동물 도살 직후 근육이 단단해지는 사후경직 현상이 있다. 이후 최대 강직상태를 지나 체내의 효소에 의해 자가소화현상(숙성)이 일어나 육질이 연해지고 풍미도 향상되는 숙성이 일어난다. • 연화제(단백질 분해효소): 파파야(파파인), 배(프로테아제), 파인애플(브로멜린), 키위(액티니딘), 무화과(피신) • 냉장이나 냉동 보관하고 해동은 냉장에서 한다. • 기름기가 없는 우둔이나 홍두깨 등의 부위는 건조하여 육포를 만든다. • 염장과 훈연을 통해 햄, 베이컨, 소시지 등을 만든다.
알류	• 닭, 메추리, 오리 등의 알로 단백질 식품군이다. • 일반적으로 냉장 보관한다. • 품질 평가: 투시검란법, 난형조사, 무게 측정 • 난황계수, 난백계수: 높을수록 신선란 • 조리 특성: 응고성, 녹변현상, 기포성, 유화성, 유동성
우유	• 젖소를 포함한 포유류의 유즙 • 가열에 의해 유청단백질과 염, 지방구가 응고하여 피막을 형성 • 살균 처리한 우유를 분무건조하여 분유를 만든다. • 원유나 저지방 우유를 농축하여 연유를 만든다. • 우유를 원심분리하여 지방을 농축하여 크림을 만든다. • 우유에 젖산균을 배양, 발효하여 요구르트나 요플레 등을 만든다. • 단백질 성분을 응고하여 치즈를 만들고 지방성분을 모아 버터를 만든다.

카세인	• 우유 단백질의 80%를 차지하며 칼슘과 결합된 형태로 존재하는 인단백질 • 산이나 레닌 첨가 시 응고하지만 열에 안정하여 열에 의해서는 응고되지 않음 • 요구르트 및 치즈 제조 시 활용됨
유청 단백질	• α-락토알부민과 β-락토글로불린 등으로 우유 단백질의 약 20%를 차지하며 카세인이 응고된 후 남아 있는 단백질 • 산이나 레닌에 의해 응고되지 않으나 약 65℃ 이상의 가열에 의해 쉽게 응고됨

3) 수산물의 조리 및 가공 · 저장

구분	내용
종류	어류: 붉은 살 생선과 흰살생선으로 나뉜다.
	갑각류: 게, 대게, 꽃게, 새우, 가재, 곤쟁이
	연체류: 문어, 꼴뚜기, 오징어, 낙지, 해파리, 해삼
	조개류: 대합, 모시조개, 꼬막, 굴, 소라, 가리비, 우렁이, 바지락, 전복, 홍합
조리 특성	• 생선을 가열하면 콜라겐이 젤라틴화되어 식으면 굳는다. • 생선의 소금절임은 2~6%가 적당하다. • 생선의 단백질인 미오신과 액틴은 2~6%의 식염수에 용해되어 어묵을 만들 수 있다. • 조개류-호박산, 다시마-글루탐산, 가다랑어-이노신산의 맛성분이 있다.
가공	• 수산물-어취(생선 비린내) 제거방법 – 산(레몬즙, 식초)을 첨가하여 트리메틸아민(TMA) 외 휘발성, 염기성 물질을 중화 – 마늘, 파, 양파, 생강, 겨자, 고추냉이, 술 등의 향신료를 강하게 사용 – 전, 구이, 튀김법 등으로 조리한다. – 비린내 억제효과가 있는 된장, 간장을 첨가 – 우유에 미리 담가두었다가 조리하면 우유의 단백질인 카세인이 트리메틸아민을 흡착하므로 비린내가 제거된다. • 가공품 – 연제품: 어묵 – 건제품: 북어포, 미역, 다시마, 김, 문어포, 뱅어포, 마른멸치 등 – 훈제품: 연기로 훈연하여 만든 것으로 대표적으로 훈제연어가 있다. – 젓갈: 어패류에 20% 내외의 소금을 넣어 발효하여 만든 것 – 염장식품: 자반고등어, 자반가자미 등

4) 유지 및 유지 가공품

구분	내용
특징	상온에서 액체상태인 기름(Oil, 油)과 고체상태인 지방(Fat, 脂)을 합하여 유지류라고 한다. 식물성 지방에는 불포화지방산, 동물성 지방에는 포화지방산이 많다. 필수지방산이 함유되어 있으며 지용성 비타민의 흡수를 돕는다. 고온에서 단시간에 조리하므로 영양 손실이 적고 식품의 풍미를 높인다. 비중이 낮아 물에 뜬다.
종류	식물성 유지: 참기름, 들기름, 콩기름, 면실유, 올리브유, 팜유 등 동물성 유지: 라드(돼지), 우지(소), 어유(등 푸른 생선), 버터(우유) 등 가공유지: 액체형의 기름에 수소이온을 첨가하여 고체형으로 만든 경화유로 마가린, 쇼트닝 등이 있다.
조리 특성	• 밀가루 반죽에 넣으면 글루텐 형성을 막는다. • 발연점: 기름을 일정 온도 이상 가열하여 연기가 나는 온도로 이때 연기에 아크롤레인이 포함되어 눈에 자극을 준다. • 발연점이 낮아지는 경우: 유지가 분해되어 유리지방산의 함량이 높아진 경우와 사용 횟수가 많고, 이물질이 많이 들어갈수록, 기름의 표면적이 많을수록 발연점이 낮아진다. • 산패에 영향을 주는 요인: 산소, 자외선, 온도, 빛, 효소, 물, 미생물 등
가공 · 저장	유지의 채취방법: 식물성 기름은 압착법, 동물성은 용출법, 식용유 등은 추출법 사용 보관 시 버터나 마가린은 밀봉하여 냉장고 보관, 쇼트닝이나 식물성은 뚜껑을 닫고 빛이 없는 실온에서 보관한다.

5) 냉동식품의 조리

구분	내용
냉동 목적	• 미생물의 생육이 10℃에서부터 억제되고 0℃ 이하에서는 생육이 어려워진다. • 육류나 어류 등의 냉동저장은 –15℃에서 저장한다. • 식품의 냉동 시 –40℃ 이하의 온도에서 급속 동결하여야 물의 입자가 미세하게 동결되어 식품의 조직손상이 적어져 품질 저하를 막을 수 있다. • 채소류는 데치거나 삶아서 냉동하는데 이유는 효소의 불활성화와 미생물 살균, 부피 감소, 조직감 향상을 위해서이다. • 드립(Drip) 현상: 냉동했던 육류나 해산물의 해동 시 근섬유가 손상되어 얼었던 수분이 흡수되지 못하고 수용성 단백질, 비타민, 무기염류 등과 함께 흘러나오는 현상
해동방법	• 채소류: 해동하지 않고 바로 조리한다. • 튀김류: 해동하지 않고 바로 튀긴다. • 육류, 어류: 냉장고나 흐르는 찬물에 밀봉한 상태로 서서히 해동한다. • 빵, 과자류, 찰떡류: 상온에서 자연 해동한다.

쉽게
따라하는
우리음식

제3부

한국음식 조리실습

한식 밥조리 비빔밥 · 콩나물밥

한식 죽조리 장국죽

한식 탕조리 완자탕

한식 찌개조리 두부젓국찌개 · 생선찌개

한식 구이조리 더덕구이 · 북어구이 · 너비아니구이 · 제육구이 · 생선양념구이

한식 조림 · 초조리 두부조림 · 홍합초 · 오징어볶음

한식 전 · 적조리 육원전 · 표고전 · 풋고추전 · 생선전 · 섭산적 · 지짐누름적 · 화양적

한식 숙채조리 칠절판 · 탕평채 · 잡채

한식 생채조리 재료 썰기 · 무생채 · 도라지생채 · 더덕생채 · 겨자채

한식 회조리 미나리강회 · 육회

합격으로 가는 길

1. 복장(반바지, 치마, 샌들), 두발(머리묶음, 염색), 손톱(반지, 귀고리, 팔찌, 시계) 등이 단정한지 확인한다.
2. 시험시작을 알리면 손을 씻고 접시 2개에 주어진 재료를 씻으면서 각각 분리한다.
3. 도마가 움직이지 않도록 젖은 행주를 깔아준다.
4. 사용할 도구들을 편리하게 배열한다.
5. 청결을 유지하기 위해 수시로 닦아주며 작업한다.
6. 파, 마늘은 최대한 곱게 다진다.
7. 흰색 재료부터 썰기 작업을 한다.
8. 고기는 7대 양념을 한다.(간장, 설탕, 파, 마늘, 깨소금, 후추, 참기름)
9. 육수 색은 간장으로, 간은 소금으로 한다.
10. 고명 위에 올라가는 재료들은 최대한 얇게 채썬다.
11. 절여야 되는 채소들을 신경쓴다.
12. 불(가스레인지) 위에 무언가 올라가 있게 한다.
13. 고춧가루는 체에 내려 사용해야 작품이 고르게 나온다.
14. 음식을 태우거나 익히지 않는 등에 신경쓴다.
15. 제출하기 전 요구사항과 수험자 유의사항을 꼭 한번 읽는다.
16. 완성된 작품과 어울리는 접시에 보기 좋게 담아 제출한다.
17. 수량과 고명을 확인 후 제출한다.

수험자 유의사항

1. 만드는 순서에 유의하며, 위생과 숙련된 기능평가를 위하여 조리작업 시 맛을 보지 않습니다.
2. 지정된 수험자 지참준비물 이외의 조리기구나 재료를 시험장 내에 지참할 수 없습니다.
3. 지급재료는 시험 전 확인하여 이상이 있을 경우 시험위원으로부터 조치를 받고 시험 중에는 재료의 교환 및 추가지급은 하지 않습니다.
4. 요구사항의 규격은 "정도"의 의미를 포함하며, 지급된 재료의 크기에 따라 가감하여 채점합니다.
5. 위생복, 위생모, 앞치마를 착용하여야 하며, 시험장비 · 조리도구 취급 등 안전에 유의합니다.
6. 다음 사항에 대해서는 **채점대상에서 제외하니** 특히 유의하시기 바랍니다.

   가) 기권 – 수험자 본인이 시험 도중 시험에 대한 포기 의사를 표현하는 경우

   나) 실격

   (1) 가스레인지 화구를 2개 이상(2개 포함) 사용한 경우

   (2) 불을 사용하여 만든 조리작품이 작품특성에 벗어나는 정도로 타거나 익지 않은 경우

   (3) 위생복, 위생모, 앞치마를 착용하지 않은 경우

   (4) 시험 중 시설 · 장비(칼, 가스레인지 등) 사용 시 감독위원 및 타 수험자의 시험 진행에 위협이 될 것으로 감독위원 전원이 합의하여 판단한 경우

   다) 미완성

   (1) 시험시간 내에 과제 두 가지를 제출하지 못한 경우

   (2) 문제의 요구사항대로 과제의 수량이 만들어지지 않은 경우

   라) 오작

   (1) 구이를 찜으로 조리하는 등과 같이 조리방법을 다르게 한 경우

   (2) 해당과제의 지급재료 이외의 재료를 사용하거나 석쇠 등 요구사항의 조리도구를 사용하지 않은 경우

   마) 요구사항에 표시된 실격, 미완성, 오작에 해당하는 경우
7. 항목별 배점은 위생상태 및 안전관리 5점, 조리기술 30점, 작품의 평가 15점입니다.
8. 시험시작 전 가벼운 몸풀기(스트레칭) 동작으로 긴장을 풀고 시험을 시작합니다.

한식 밥조리(비빔밥, 콩나물밥)

1) 주식류

(1) 밥

밥은 한자어로 반(飯)이라 하고, 일반 어른에게는 진지, 왕이나 왕비는 수라, 제사에는 메 또는 젯메라 각각 지칭한다. 곡물을 호화시키기 위하여 초기에는 토기에 곡물과 물을 넣고 가열하여 죽을 만들다가 시루가 생김에 따라 곡물을 시루에 찌다가 철로 만든 솥이 보급됨에 따라 밥 짓는다는 뜻의 취(炊)가 되었다.

『지문별집(咫聞別集)』에서는 "증곡위반(蒸穀爲飯)이라 하여 곡물을 한 번 쪄서 얻은 밥을 분(饙)이라 하였고, 장시간에 걸쳐 쪄내 연화된 밥은 류(餾)라 하였다. 청나라 때는 장영의『반유십이합설(飯有十二合說)』에서 "조선 사람들은 밥 짓기를 잘한다"고 하였으며,『옹희잡지』에는 "우리나라 밥 짓기는 천하에 이름난 것이다"라는 기록이 남아 있어 조선시대에 이미 밥 짓기(炊飯法)가 상용화된 것을 알 수 있다.

(2) 밥의 종류

① 보리밥(麥飯)

보리의 종류로는 겉보리, 쌀보리, 찰보리, 늘보리가 있는데, 겉보리는 껍질이 잘 분리되지 않는 보리를 말하며, 쌀보리는 가장 일반적인 보리로 겉껍질과 속껍질이 잘 분리되며 우리나라에서만 생산된다. 찰보리는 찰기가 있는 보리로 노르스름한 빛을 띠고 있으며, 소화흡수율이 높다. 늘보리는 겉보리의 겨를 벗긴 것으로 구수한 맛이 특징이며 꽁보리밥을 지을 때 적당하다. 보리를 먹기 좋게 가공한 것으로 할맥(割麥)과 압맥(壓麥)이 있는데 할맥은 보리알 중심부에 있는 홈 안에 소화되지 않는 섬유소 부위를 쪼개고 도정하여 쌀모양으로 가공한 것을 말하며, 압맥은 납작보리라고도 하는데 통보리를 증기로 가열하여 압편한 것으로 수분흡수율이 높아 불리는 과정을 거치지 않고 밥을 할 수 있는 장점이 있다.

② 약반(藥飯)

정월 대보름의 절식으로 『삼국유사』「사금갑조(射琴匣條)」에 "정월 15일을 오기일(烏忌日)로 정하여 찰밥을 지어 까마귀에게 제사 지냈다"는 내용에서 유래되었다.

③ 비빔밥

음력 12월 30일인 섣달그믐에 남은 음식은 해를 넘기지 않게 한다는 의미에서 비벼먹던 밥을 이르는 말로 한자어로 골동반(骨董飯)이라 한다. 골동반(骨董飯)은 '어지럽게 여러 가지를 섞는다'라는 의미가 있다.

시험시간
50분

비빔밥

비빔밥은 제철에 나는 여러 가지 나물과 고기를 볶아서 달짝지근한 약고추장과 함께 어울려 먹는 밥으로 영양학적으로 균형 잡힌 일품음식이다. 비빔밥은 전주비빔밥, 진주비빔밥, 통영비빔밥 등 각 지역마다 독특한 형태로 발전하기도 했고, 육회비빔밥, 산채비빔밥, 꼬막비빔밥 등 다양한 모습으로 확장되고 있다.

요구사항

주어진 재료를 사용하여 다음과 같이 비빔밥을 만드시오.

가. 채소, 소고기, 황 · 백지단의 크기는 0.3cm×0.3cm×5cm로 써시오.

나. 호박은 돌려깎기하여 0.3cm×0.3cm×5cm로 써시오.

다. 청포묵의 크기는 0.5cm×0.5cm×5cm로 써시오.

라. 소고기는 고추장 볶음과 고명에 사용하시오.

마. 밥을 담은 위에 준비된 재료들을 색 맞추어 돌려 담으시오.

바. 볶은 고추장은 완성된 밥 위에 얹어 내시오.

지급재료 목록

재료명	규격	수량
쌀	30분 정도 물에 불린 쌀	150g
애호박	중(길이 6cm)	60g
도라지	찢은 것	20g
고사리	불린 것	30g
청포묵	중(길이 6cm)	40g
소고기	살코기	30g
달걀		1개
건다시마	5×5cm	1장
고추장		40g
식용유		30mL
대파	흰 부분(4cm 정도)	1토막
마늘	중(깐 것)	2쪽
진간장		15mL
흰 설탕		15g
깨소금		5g
검은 후춧가루		1g
참기름		5mL
소금	정제염	10g

7대 양념(소고기＋고사리)

간장 2작은술, 설탕 1작은술, 파 1작은술, 마늘 ½작은술, 깨소금, 후추, 참기름 적당량

약고추장

고추장 1큰술, 다진 소고기 10g, 설탕 1작은술, 물 1큰술, 참기름 ½작은술

만드는 방법

❶ 밑준비

- 쌀은 깨끗이 씻어 질거나 타지 않도록 고슬고슬하게 밥을 지어 놓는다.
- 소고기 일부는 채썰어 갖은양념을 하고 남은 소고기는 곱게 다져 약고추장으로 쓴다.
- 고사리는 뻣뻣한 줄기를 잘라내고, 5cm 길이로 잘라 7대 양념장으로 무친다.
- 도라지, 애호박은 0.3cm×0.3cm×5cm로 찢어서 소금으로 주물러 씻어 쓴맛을 뺀다.
- 청포묵은 0.5cm×0.5cm×5cm로 채썰어 끓는 물에 데쳐 식힌 다음 소금, 참기름으로 무친다.
- 달걀은 황 · 백으로 나누어 소금을 넣고 잘 저어 거품을 제거한다.

❷ 재료 볶기

- 달걀은 황 · 백으로 지단을 부쳐 0.3cm×0.3cm×5cm로 채썬다.
- 팬에 기름을 두르고, 다시마를 먼저 튀겨내 기름을 제거하고 잘게 부순다.
- 다시마를 튀기고 남은 기름을 이용하여 도라지, 애호박, 고사리, 소고기를 각각 볶아낸다.
- 팬에 다진 소고기를 볶으면서 고추장, 설탕, 물, 참기름을 넣어 부드럽게 볶아 약고추장을 만든다.

❸ 완성하기

- 밥 위에 재료들을 색 맞추어 돌려 담은 뒤 다시마튀각, 약고추장, 황 · 백지단을 얹어낸다.

Check point

구분	조리기술						작품평가		
항목	재료 손질	채소 볶기	밥 짓기	다시마 튀각	약고추장	맛을 보는 경우	맛	색	그릇 담기
중요도	★	★★	★★	★★	★★	☆	★	★	★

배점표

구분	위생상태				조리기술									작품평가			
항목	1	2	3	소계	1	2	3	4	5	6	7	8	9	10	11	12	소계
	위생복 착용 개인 위생	정리 정돈 청소	조리 순서 재료 기구 취급		재료 손질	밥 짓기	채소 썰어 볶기	고기 썰어 볶기	청포묵 무치기	다시마 튀기기	지단 부치기	약고 추장 만들기	맛을 보는 경우	맛	색	그릇 담기	
배점	0 2 3	0 2 3	0 2 4	10	0 3	0 3 5	0 2 5								0 2	0 −2	30

꼭 알아두세요!

- 밥을 지을 때는 센 불, 끓어오르면 중불, 뜸은 약불에서 고슬고슬하게 짓는다.
- 먼저 지단, 나물류, 고기류, 고추장 순으로 작업하는 것이 좋다.
  (지단→다시마→도라지→호박→고사리→쇠고기→약고추장)

시험시간
30분

콩나물밥

콩나물밥은 쌀, 콩나물, 고기를 넣고 고슬고슬하게 지은 별미 밥이다. 여기에 넣는 고기는 쇠고기 또는 돼지고기 어느 쪽이나 기호에 따라 넣을 수 있다. 콩나물을 넣고 밥을 짓기 때문에 일반적인 밥보다는 수분을 적게 넣고 밥을 짓도록 한다.

요구사항

주어진 재료를 사용하여 다음과 같이 콩나물밥을 만드시오.

가. 콩나물은 꼬리를 다듬고 소고기는 채썰어 간장양념을 하시오.

나. 밥을 지어 전량 제출하시오.

지급재료 목록

재료명	규격	수량
쌀	30분 정도 물에 불린 쌀	150g
콩나물		60g
소고기	살코기	30g
대파	흰 부분(4cm 정도)	½토막
마늘	중(깐 것)	1쪽
진간장		5mL
참기름		5mL

소고기

진간장 ¼작은술, 다진 파 ½작은술,
다진 마늘 ¼작은술, 참기름

만드는 방법

❶ 밑준비

- 쌀은 깨끗이 씻어 따뜻한 물에 불려둔다.
- 콩나물 껍질과 꼬리는 깨끗이 다듬어 씻어 놓는다.
- 소고기는 기름기를 제거하고 결대로 곱게 채썰어 양념한다.

❷ 밥 짓기

- 냄비나 솥에 불린 쌀을 고루 안치고 그 위에 콩나물과 양념한 고기를 얹은 다음 밥물(1:1)을 붓고 센 불에서 시작한 후 끓기 시작하면 약불로 놓고 밥을 짓는다.

❸ 완성하기

- 완성된 밥은 뜸 들인 후 위, 아래를 가볍게 섞어 그릇에 담아 낸다.

Check point

구분	조리기술						작품평가		
항목	재료 손질	콩나물 꼬리 손질	고기 채썰기	고기 양념	밥 짓기	맛을 보는 경우	맛	색	그릇 담기
중요도	★	★★	★★	★★	★★	☆	★	★	★

배점표

구분	위생상태				조리기술						작품평가			
항목	1	2	3	소계	1	2	3	4	5	6	7	8	9	소계
	위생복 착용 개인 위생	정리 정돈 청소	조리 순서 재료 기구 취급		재료 손질	파, 마늘 다지기	콩나물 손질 하기	소고기 썰어 양념 하기	밥 짓기	맛을 보는 경우	맛	색	그릇 담기	
배점	0 2 3	0 2 3	0 2 4	10	0 2 5	0 2 5	0 2 5	0 2 5	0 5 10	0 –2	0 3 6	0 2 5	0 2 4	45

꼭 알아두세요!

- 콩나물에서 수분이 빠져나오므로 보통 밥을 지을 때보다 물을 적게 잡는다.(1:1)
- 고기 채를 얹을 때는 하나하나 풀어 담아야 한 덩어리가 되는 것을 막을 수 있다.
- 밥을 짓는 동안 뚜껑을 열면 콩나물의 비린내가 난다.
- 지급품목에 통깨가 없으므로 사용하지 않아야 한다.

한식 죽조리(장국죽)

1) 죽 · 미음 · 응이

죽은 재료에 따라 흰죽, 두태죽, 장국죽, 어패류죽, 비단죽 등이 있으며, 이른 아침에 내는 초조반이나 보양식, 병인식, 별식으로 많이 쓰인다. 『조선무쌍신식요리제법』에는 "죽이란 물만 보이고 쌀이 보이지 않아도 죽이 아니요, 쌀만 보이고 물이 보이지 않아도 죽이 아니라, 반드시 물과 쌀이 서로 화하여 부드럽고 기름지게 되어 한결같이 된 연후에야 죽이라 이르나니 윤문서공은 차라리 사람이 죽을 기다릴지라도 죽이 사람을 기다려서는 안 되며, 이는 죽을 바로 먹지 않으면 맛이 변하고 국물이 마르게 된다."고 하였다. 지금도 전복죽은 보양음식으로 애호되며, 궁중에서는 우유를 넣은 타락죽이 있으며, 쑤는 방법에 따라 죽, 미음, 응이로 세분화되어 있다.

종류	특성
죽	쌀 분량의 5~6배의 물을 사용 • 옹근죽: 쌀알을 그대로 쑤는 것 • 원미죽: 쌀알을 굵게 갈아 쑤는 것 • 무리죽(비단죽): 쌀알을 곱게 갈아 쑤는 것
암죽	곡식을 말려 가루로 만들어 물을 넣고 끓인 죽으로 이유식이나 환자식, 노인식으로 많이 쓰인다. 쌀가루를 백설기로 만들어 말렸다가 끓인 것을 떡암죽이라 하고 쌀을 쪄서 말려 가루로 하여 끓인 것을 쌀암죽이라 한다. 밤을 넣은 밤암죽도 있다.
미음	곡물 분량의 10배가량의 물을 붓고 낟알이 푹 물러 퍼질 때까지 끓인 다음 체에 밭쳐 국물만 마시는 음식
응이	곡물을 갈아 앙금을 얻어서 이것으로 쑨 것. '의의'라고도 함 예) 율무응이 · 연근응이 · 수수응이

2) 죽을 쑬 때 주의할 점

죽에 넣는 물은 중간에 넣지 않고 처음부터 정량을 넣고 끓여내야 죽이 잘 어우러진다. 약불에서 서서히 끓이며, 두꺼운 냄비를 사용한다. 나무주걱으로 저어주고 끓기 시작하면 자주 젓지 않는다. 자주 저으면 전분이 분리되면서 죽이 삭는 경우가 있기 때문이다.

장국죽

멥쌀을 씻어 불린 후 굵게 빻아 다진 쇠고기와 채썬 표고버섯을 넣어 끓인 죽으로 간장으로 간을 하여 장국죽이라고 한다. 사용하는 간장은 청장을 사용하여 색을 내고 나머지는 소금으로 간을 한다.

요구사항

주어진 재료를 사용하여 다음과 같이 장국죽을 만드시오.

가. 불린 쌀을 반 정도로 싸라기를 만들어 죽을 쑤시오.

나. 소고기는 다지고 불린 표고는 3cm 정도의 길이로 채써시오.

지급재료 목록

재료명	규격	수량
쌀	30분 정도 물에 불린 쌀	150g
소고기	살코기	60g
건표고버섯	지름 5cm 정도 (물에 불린 것)	30g
대파	흰 부분(4cm 정도)	½토막
마늘	중(깐 것)	
진간장		
깨소금		
검은 후춧가루	중(깐 것)	1쪽
참기름		5mL
국간장		5mL

6대 양념장(소고기+표고)

간장 1작은술, 다진 파 ¼작은술, 다진 마늘 ⅛작은술, 깨소금, 참기름, 후춧가루 적당량

만드는 방법

❶ 밑준비

- 쌀은 씻어 불린 후 건져서 방망이로 쌀알의 ½ 크기로 빻아서 싸라기를 만든다.
- 파, 마늘은 곱게 다진다.
- 소고기는 기름기를 제거한 후 곱게 다지고, 표고버섯은 따뜻한 물에 불려 물기를 짠 후 포를 떠서 3cm 길이로 곱게 채썰어 6대 양념을 한다.

❷ 죽 쑤기

- 냄비에 참기름을 두른 후, 소고기와 표고버섯을 넣고 볶다가 으깬 쌀을 넣어 충분히 볶는다.
- 쌀 분량의 5~6배의 물을 계량하여 놓고, 계량한 물의 반만 붓고 센 불에서 끓이다가 나머지 물을 넣어 은근한 불에서 저어가며 충분히 끓여 쌀알이 퍼지도록 한다.
- 쌀알이 충분히 퍼지면 국간장으로 간과 색을 맞춘다.

❸ 완성하기

- 죽이 잘 어우러지면 표고버섯이 보이게 그릇에 담아낸다.

Check point

구분	조리기술						작품평가		
항목	재료 손질	콩나물 꼬리 손질	고기 채썰기	고기 양념	밥 짓기	맛을 보는 경우	맛	색	그릇 담기
중요도	★	★★	★★	★★	★★	☆	★	★	★

배점표

구분	위생상태				조리기술						작품평가			
항목	1	2	3	소계	1	2	3	4	5	6	7	8	9	소계
	위생복 착용 개인 위생	정리 정돈 청소	조리 순서 재료 기구 취급		재료 손질	파, 마늘 다지기	콩나물 손질 하기	소고기 썰어 양념 하기	밥 짓기	맛을 보는 경우	맛	색	그릇 담기	
배점	0 2 3	0 2 3	0 2 4	10	0 2 5	0 2 5	0 2 5	0 2 5	0 5 10	0 −2	0 3 6	0 2 5	0 2 4	45

꼭 알아두세요!

■ 죽 끓이기

- 표고버섯의 길이가 2cm를 넘지 않게 가늘게 채썬다.
- 죽은 쌀을 충분히 불려야 잘 퍼지며 물은 쌀 분량의 6배 정도로 잡는다.(1:6)
- 불린 쌀을 빻을 때 너무 곱게 부수면 죽이 풀같이 쑤어지므로 유의한다.
- 쌀알이 충분히 퍼지도록 끓인다.
- 죽은 식으면 되직하게 되므로 그릇에 담아내기 직전에 농도를 잘 맞춰 뜨거울 때 제출한다.
- 장국죽은 색깔(옅은 갈색−간장), 간 맞추는 시기(마지막−소금), 농도(묽은 상태−물)에 유의한다.

한식 탕조리(완자탕)

1) 부식(찬품)류

(1) 국(탕)

국은 갱(羹), 학(臛), 탕(湯)으로 표기(한자음)되어 1800년대의 『시의전서』에 처음으로 '생치국'이라 하여 국이라는 표현이 나온다. 국은 맑은국, 토장국, 곰국, 냉국으로 나뉜다. 국의 재료로는 채소류, 수조육류, 어패류, 버섯류, 해조류 등 어느 것이나 사용된다. 『임원십육지』에 탕이란 향기나는 약용식물을 숙수에 달여서 마시는 음료를 말하고, 『동의보감』에서는 약이성 재료를 숙수에 달여서 질병 또는 보강제에 사용하는 것이라 하였다. 이로써 탕은 조리상의 국이 되고 또 음료가 되기도 하고 약이 되기도 하였다.

갱(羹)	학(臛)	탕(湯)
- 채소를 위주로 끓이는 국 - 고기가 있는 국 - 새우젓으로 간하여 끓인 국 - 제사에 쓰이는 국(메갱) - 궁중에서 원반에 놓이는 국	- 고기를 위주로 끓이는 국 - 동물성 식품으로 끓이는 국 - 채소가 없는 국	- 보통의 국 - 제물로 쓰이는 국 - 간장으로 끓이는 국 - 궁중에서 협반에 놓이는 국 - 향기나는 약용식물이나 약이성 재료를 달여서 마시는 음료

맑은장국은 소금이나 청장으로 간을 맞추어 국물을 맑게 끓인 것이고, 토장국은 고추장 또는 된장으로 간을 한 국, 곰국은 재료를 맹물에 푹 고아서 소금, 후춧가루로만 간을 한 곰탕, 설렁탕과 같은 것을 말한다. 냉국(찬국)은 더운 여름철에 오이 · 미역 · 다시마 · 우무 등을 재료로 하여 약간 신맛을 내면서 차갑게 만들어 먹는 음식으로 산뜻하게 입맛을 돋우는 효과가 있다. 오이찬국, 미역찬국, 임자수탕, 깻국탕, 가지냉

국 등이 있다. 갈비탕이나 설렁탕처럼 진한 국에 밥을 말아서 일품요리로 먹는 것을 탕반(湯飯)이라 한다. 국은 탕기(갱기)에 담아 뚜껑을 덮어서 상에 내었는데 요즈음은 대접에 담아 뚜껑을 덮지 않는 것으로 변했다.

시험시간
30분

완자탕

완자탕은 소고기와 두부를 섞어 곱게 다진 뒤 양념하여 둥글게 완자를 빚어 끓인 맑은장국으로 교자상이나 주안상에 어울리는 맑은국이다. 궁중에서는 완자를 봉오리라 하고 민가에서는 모리라고 하여 '봉오리탕', '모리탕'이라고도 했다.

요구사항

주어진 재료를 사용하여 다음과 같이 완자탕을 만드시오.

가. 완자는 직경 3cm 정도로 6개를 만들고, 국 국물의 양은 200mL 정도 제출하시오.

나. 달걀은 지단과 완자용으로 사용하시오.

다. 고명으로 황 · 백지단(마름모꼴)을 각 2개씩 띄우시오.

지급재료 목록

재료명	규격	수량
소고기	살코기	50g
소고기	사태부위	20g
달걀		1개
대파	흰 부분(4cm 정도)	½토막
밀가루	중력분	10g
마늘	중(깐 것)	2쪽
식용유		20mL
소금	정제염	10g
검은 후춧가루		2g
두부		15g
키친타월(종이)	주방용(소 18x20cm)	1장
국간장		5mL
참기름		5mL
깨소금		5g
흰 설탕		5g

7대 양념(완자용=소고기 + 두부)

간장 ¼작은술, 설탕 5g(½t), 다진 파 ½작은술,
다진 마늘 ¼작은술, 깨소금, 참기름, 후춧가루 적당량

약고추장

소고기 30g, 물 2½컵, 파 20g, 마늘 1쪽, 소금, 국간장 적당량

만드는 방법

❶ 밑준비

- 소고기의 ⅓분량은 맑은장국으로 준비하고, 남은 소고기는 기름기를 제거하여 곱게 다진다.
- 물기를 짜 곱게 으깬 두부, 다진 고기는 7대 양념을 하여 치대어 직경 2cm의 완자를 빚어 밀가루, 달걀물을 입혀 소량의 기름을 두르고 완자를 굴려가며 (팬을 돌려가며) 지져낸다.
- 달걀은 황 · 백으로 나누어 반은 마름모꼴로 썰고, 나머지는 체에 내려 완자를 지질 때 사용한다.

❷ 끓이기

- 육수에 간장과 소금으로 간을 맞추고 끓으면 불을 줄이고 완자를 넣어 잠시 끓인다.

❸ 완성하기

- 완자탕을 그릇에 담고 황 · 백지단을 마름모꼴로 썰어 고명으로 띄워 낸다.

Check point

구분	조리기술						작품평가		
항목	재료 손질	사태 육수	완자 곱게 다지기	완자 굴려 익히기	완자 끓이기	맛을 보는 경우	맛	색	그릇 담기
중요도	★	★★	★★	★★	★★	☆	★	★	★

배점표

구분	위생상태				조리기술									작품평가			
항목	1	2	3	소계	1	2	3	4	5	6	7	8	9	10	11	12	소계
	위생복 착용 개인 위생	정리 정돈 청소	조리 순서 재료 기구 취급		재료 손질	육수 만들기	완자 재료 준비	완자 양념 하여 치대기	완자 빚기	완자 지지기	지단 만들기	완자 익히기	맛을 보는 경우	맛	색	그릇 담기	
배점	0 2 3	0 2 3	0 2 4	10	0 2	0 2 5	0 2 5	0 1 2	0 2 5	0 2 4	0 2	0 2 5	0 −2	0 3 6	0 2 5	0 2 4	45

꼭 알아두세요!

■ **완자**

- 팬에 기름을 적게 잡고 약불에서 계속 굴려가며 익혀야 완자를 동그랗게 만들 수 있다.
- 완자는 키친타월 위에 올려놓고 기름기를 제거한 후 끓여야 국물이 탁하지 않다.
- 끓는 육수에 완자를 넣고 잠시 끓여내야 달걀옷이 벗겨지지 않고 국물이 맑다.

한식 찌개조리(두부젓국찌개, 생선찌개)

1) 찌개(조치) · 지짐이 · 감정

찌개는 조미재료에 짜라 된장찌개, 고추장찌개, 맑은 찌개로 나뉘며 국물을 많이 하는 것을 '지짐이'라고도 한다. '조치'라 함은 보통 우리가 찌개라 부르는 것을 궁중에서 불렀던 이름인데 찌개는 국과 거의 비슷한 조리법으로 국보다 국물이 적고 건더기가 많으며 짠 것이 특징이다. 찌개는 밥에 따르는 찬품의 하나로 건더기가 국보다 많고 간은 센 편으로 궁중에서는 조치, 고추장으로 조미한 찌개는 감정, 국물이 찌개보다 적은 것은 지짐이라고도 불린다.

감정은 고추장과 약간의 설탕을 넣어 끓이는 것을 말한다. 토장찌개는 뚝배기에 된장을 물에 개어서 물을 조금 붓고 다진 쇠고기와 표고버섯을 넣어 참기름, 다진 파, 마늘, 생강으로 양념하여 너무 짜지 않게 끓이는데 궁중에서는 밥솥에 쪄내었다. 반가에서는 건더기는 조금 넣고 된장을 진하게 넣고 끓여 강된장찌개를 먹었다. 절미된장(절메주를 담아 진간장을 빼고 여러 해 두어 된장독 밑바닥과 가장자리에 눌은밥처럼 눌어붙은 된장)을 긁어 체에 밭쳐 끓인 것으로 특히 제주도에서는 표고 꽁지를 모아두었다가 상어 뼈를 같이 넣고 된장을 풀어 간을 맞추어 끓여 먹던 절미된장찌개도 있다.

– 찌개의 분류

- 주재료–생선찌개 · 두부찌개 · 명란젓찌개 등
- 조미료–새우젓찌개 · 고추장찌개 · 된장찌개 등

2) 전골

전골이란 육류와 채소에 밑간을 하고 담백하게 간을 한 맑은 육수를 국물로 하여 전골틀에서 끓여 먹는 음식이다. 육류, 해물 등을 전유어로 하고 여러 채소들을 그대로 색을 맞추어 육류와 가지런히 담아 끓이기도 한다. 근래에는 전골의 의미가 바뀌어 여러 가지 재료에 국물을 넉넉히 붓고 즉석에서 끓이는 찌개를 전골인 것처럼 혼동하여 쓰고 있다. 전골 반상이나 주안상에 차려진다. 전골을 더욱 풍미 있게 한 것으로 신선로(열구자탕)가 있고 교자상, 면상 등에 차려진다. 1700년대의 『경도잡지(京都雜誌)』를 보면 "냄비 이름에 전립토"라는 것이 있다. 벙거지 모양에서 이런 이름이 생긴 것이다.

전골에 들어가는 주재료에 따라 각색전골, 낙지전골, 굴전골, 대합전골, 노루전골, 두부전골, 버섯전골, 채소전골, 해물전골, 불낙전골, 송이전골, 신선로, 쇠고기전골, 만두전골, 곱창전골 등으로 다양하다.

시험시간
20분

두부젓국찌개

두부젓국찌개는 새우젓으로 간을 맞춘 맑은 조치(찌개)로 '굴두부조치'라고도 하며, 굴과 두부를 너무 오래 끓이면 단단해져서 맛이 떨어져 짧은 시간에 끓여내야 맑고 시원한 맛을 느낄 수 있으며, 주로 죽상에 잘 어울리는 음식이다.

요구사항

주어진 재료를 사용하여 다음과 같이 두부젓국찌개를 만드시오.

가. 두부는 2cm×3cm×1cm로 써시오.

나. 홍고추는 0.5cm×3cm, 실파는 3cm 길이로 써시오.

다. 간은 소금과 새우젓으로 하고, 국물을 맑게 만드시오.

라. 찌개의 국물은 200mL 정도 제출하시오.

지급재료 목록

재료명	규격	수량
두부		100g
생굴	껍질 벗긴 것	30g
실파		20g
홍고추(생)		½개
새우젓		10g
마늘	중(깐 것)	1쪽
참기름		5mL
소금	정제염	5g

만드는 방법

❶ 밑준비
- 굴은 껍질을 골라내고 연한 소금물에 흔들어 씻어 체에 밭쳐둔다.
- 두부는 폭과 길이를 2cm×3cm×1cm로 썬다.
- 붉은 고추는 씨와 속을 빼고 0.5cm×3cm, 실파는 3cm 정도의 길이로 썰고 마늘과 새우젓은 곱게 다진 후 국물을 짜 놓는다.

❷ 끓이기
- 냄비에 물을 붓고, 새우젓과 소금으로 간을 하여 끓어오르면 두부를 넣고 잠깐 끓인 후 굴, 다진 마늘, 붉은 고추 순서로 넣어 짧은 시간 안에 끓여준다.

❸ 완성하기
- 실파와 참기름을 넣고 불을 끈 후 그릇에 담아낸다.

Check point

구분	조리기술						작품평가		
항목	재료 손질	재료 썰기	새우젓 국물	참기름 넣기	맑은 찌개 끓이기	맛을 보는 경우	맛	색	그릇 담기
중요도	★	★★	★★	★★	★★	☆	★	★	★

배점표

구분	위생상태				조리기술							작품평가			
항목	1	2	3	소계	1	2	3	4	5	6	7	8	9	10	소계
	위생복 착용 개인 위생	정리 정돈 청소	조리 순서 재료 기구 취급		재료 손질	마늘 다지기	굴 손질 하기	고추, 실파 썰기	두부 썰기	새우 젓 다지기	젓국 끓이기	맛	색	그릇 담기	
배점	0 2 3	0 2 3	0 2 4	10	0 2 5	0 2 5	0 2 5	0 2 5	0 3	0 2	0 2 5	0 3 6	0 2 5	0 2 4	45

꼭 알아두세요!

■ 재료
- 굴이나 홍고추를 넣고 오래 끓이거나, 새우젓 국물을 많이 넣고 끓이면 국물이 탁해진다.
- 굴은 동그랗게 부풀어 오르면 익은 것이다.
- 실파는 찌개에 넣자마자 불을 꺼야 숨이 죽는 것을 방지할 수 있다.
- 끓이는 동안 거품을 제거한다.
- 새우젓이 다량일 경우 국물만 사용하고, 소량일 경우 새우젓을 다져 약간의 물을 섞은 후 국물만 넣어 맑게 끓이는 것이 좋다. (국물만 사용하자)
- 건더기의 양이 국물의 ⅔ 정도 되도록 한다.

시험시간
30분

생선찌개

생선찌개는 생선을 토막내어 채소와 함께 고추장, 고춧가루를 넣고 간을 맞추어 끓인 매콤한 음식으로 국물이 적은 것을 찌개(조치)라 한다. 생선찌개를 끓일 때 고추장의 양을 많이 사용하면 텁텁하므로 고춧가루를 섞어 칼칼하게 끓인다.

요구사항

주어진 재료를 사용하여 다음과 같이 생선찌개를 만드시오.

가. 생선은 4~5cm 정도의 토막으로 자르시오.

나. 무, 두부는 2.5cm×3.5cm×0.8cm로 써시오.

다. 호박은 0.5cm 반달형, 고추는 통 어슷썰기, 쑥갓과 파는 4cm로 써시오.

라. 고추장, 고춧가루를 사용하여 만드시오.

마. 각 재료는 익는 순서에 따라 조리하고, 생선살이 부서지지 않도록 하시오.

바. 생선머리를 포함하여 전량 제출하시오.

지급재료 목록

재료명	규격	수량
동태	300g 정도	1마리
무		60g
애호박		30g
두부		60g
풋고추	길이 5cm 이상	1개
홍고추(생)		1개
쑥갓		10g
마늘	중(깐 것)	2쪽
생강		10g
실파		40g
고추장		30g
소금	정제염	10g
고춧가루		10g

양념장

고추장 1큰술, 고춧가루 ½작은술, 소금 ½작은술, 다진 마늘 1큰술, 다진 생강 ½작은술, 후춧가루 적당량

만드는 방법

❶ 밑준비

- 생선은 비늘을 긁어내고, 지느러미를 뗀 후 내장을 손질하여 잘 씻어서 4~5cm 길이로 토막을 낸다.
- 마늘과 생강은 다지고 풋고추와 붉은 고추는 어슷썰어 씨를 털어내고, 실파는 4cm 길이로 썬다.
- 무와 두부는 2.5cm×3.5cm×0.8cm로 썰고, 호박은 0.5cm 두께의 반달모양으로 썬다.
- 쑥갓은 깨끗이 씻어 놓는다.

❷ 끓이기

- 냄비에 물을 넣고 고추장과 소금을 넣어 끓이다가 무를 넣는다. 무가 반쯤 익으면 생선을 넣고, 고춧가루를 넣어 끓어오르면 호박, 두부, 풋고추, 붉은 고추, 다진 생강, 다진 마늘, 후춧가루 순서로 넣고 끓이면서 소금으로 간을 맞춘다.

❸ 완성하기

- 생선 맛이 우러나면 실파, 쑥갓을 넣고 불을 끄고 담아낸다.

Check point

구분	조리기술						작품평가		
항목	재료 손질	채소 썰기	생선 손질	채소 익히기	생선 끓이기	맛을 보는 경우	맛	색	그릇 담기
중요도	★	★★	★★	★★	★★	☆	★	★	★

배점표

구분	위생상태				조리기술								작품평가			
항목	1	2	3	소계	1	2	3	4	5	6	7	8	9	10	11	소계
	위생복 착용 개인 위생	정리 정돈 청소	조리 순서 재료 기구 취급		재료 손질	마늘, 생강 다지기	생선 손질 하기	무, 두부 썰기	쑥갓, 파, 고추 썰기	호박 썰기	찌개 끓이기	맛을 보는 경우	맛	색	그릇 담기	
배점	0 2 3	0 2 3	0 2 4	10	0 2	0 2	0 2 5	0 2 5	0 2 4	0 2 4	0 4 8	0 −2	0 3 6	0 2 5	0 2 4	45

꼭 알아두세요!

■ **생선**

- 생선 비늘은 꼬리에서 머리 쪽으로 긁어내고, 먹는 부분(알, 이리 등)과 버리는 부분(쓸개 등)을 골라 깨끗하게 준비한다.
- 생선찌개를 끓일 때 재료는 단단한 것부터 넣는데 생선은 국물이 끓을 때 넣어야 생선살이 부서지지 않고 무는 반드시 익혀야 하고 다른 채소는 너무 무르지 않게 하며, 푸른 채소(실파, 쑥갓)는 찌개에 넣자마자 바로 불을 꺼야 한다.
- 찌개는 국물과 건더기의 비율을 3:2로 자작하게 끓여서 건더기가 국물에 살짝 잠길 정도로 담는다.

한식 구이조리
(더덕구이, 북어구이, 너비아니구이, 제육구이, 생선양념구이)

1) 구이

구이는 풍미를 즐기는 고온 요리이다. 조리상 중요한 것은 불의 온도와 굽는 정도이다. 식품이 가진 것 이상의 풍미를 내기 위한 여러 가지 구이방법이 있다. 구이는 특별한 기구 없이 할 수 있는 조리법이며 구이를 할 때 재료를 미리 양념장에 재워 간이 밴 후에 굽는 법과 미리 소금 간을 하였다가 기름장을 바르면서 굽는 방법이 있다. 구이는 인류가 화식(火食)을 시작하며 인류가 최초로 개발한 조리법이다. 직화법(直火法)으로 먼 불로 쬐어 굽는 것을 적(炙), 꼬챙이에 꿰어 굽거나 돌을 달구어 고기를 가까운 불에 굽는 번(燔), 약한 불로 따뜻하게 하는 것은 은(穏)이라 한다. 식품을 직접 불에 굽는 것 또는 열 공기층에서 고온으로 가열하면 내면에 열이 오르는 동시에 표면이 적당히 타서 특유의 향미를 가지게 된다. 우리나라 전통의 고기구이는 맥적(貊炙)이다. 맥은 중국의 동북지방으로 고구려를 가리키는 의미이며 고구려 사람들의 고기구이로 중국까지 널리 알려졌다. 고려시대에 숭불정책으로 살생과 육식을 금지하면서 조리법이 잊혀졌다가 몽골의 영향으로 옛 조리법을 되찾아 설하멱(雪下覓)이라 불렸으며 이것이 오늘날의 너비아니이다.

① 너비아니

18세기 후반에 설하멱이 너비아니로 발전하였는데, 너비아니는 궁중용어로 '고기를 넓게 저몄다'는 뜻이다. 1800년 무렵 공업이 발전하며 석쇠나 번철과 같은 조리기구를 사용하게 되면서 석쇠를 이용해 굽는 간접구이 방식의 너비아니가 발전하게 되었다.

② 불고기

일제시대 말기부터 광복 이후의 시기에 너비아니 대신 불고기라는 말이 사용된 것으로 추정된다. 불고기는 본래 평양 지역에서 사용되던 방언인데, 이 시기에 서울로 전파되면서 너비아니를 대체하는 용어로 사용된 것으로 보인다. 1800년대에 석쇠나 번철과 같은 조리기구가 쓰이면서 석쇠를 이용해 굽는 너비아니로 발전하였고, 이것이 지금의 불고기로 변화되었으며, 대중적인 육수 불고기가 처음 나타난 것은 1980년 『한국의 가정 요리』로 이때부터 육수 불고기가 등장하였다.

시험시간
30분

더덕구이

더덕구이는 더덕을 소금물에 담가 쓴맛을 빼고 부드럽게 한 후 부스러지지 않도록 두들겨 펴서 유장 처리를 한 다음 고추장 양념장을 발라 약한 불에서 타지 않도록 석쇠에 구운 음식이다. 예로부터 산삼에 버금가는 약효가 있다 하여 '사삼(沙蔘)'이라 하였다.

요구사항

주어진 재료를 사용하여 다음과 같이 더덕구이를 만드시오.

가. 더덕은 껍질을 벗겨 사용하시오.

나. 유장으로 초벌구이하고, 고추장 양념으로 석쇠에 구우시오.

다. 완성품은 전량 제출하시오.

지급재료 목록

재료명	규격	수량
통더덕	껍질 있는 것 (길이 10~15cm 정도)	3개
진간장	흰 부분(4cm 정도)	10mL
대파	중(깐 것)	1토막
마늘		1쪽
고추장		30g
흰 설탕		5g
깨소금		5g
참기름	정제염	10mL
소금		10g
식용유		10mL

양념장

고추장 1큰술, 간장 ¼작은술, 설탕 ½큰술, 다진 파 1작은술, 다진 마늘 ½작은술, 깨소금, 참기름, 후춧가루 적당량

유장

참기름 1큰술, 간장 1작은술

만드는 방법

❶ 밑준비

- 더덕은 깨끗이 씻어 위에서부터 가로로 껍질을 돌려가며 벗겨서 반으로 쪼갠 후 소금물에 담근다.
- 손질된 더덕은 물기를 닦고 방망이로 밀거나 두들겨 편편하게 펴서, 유장을 발라둔다.
- 간장에 양념을 넣어 고추장양념장을 만든다.

❷ 재료 볶기

- 더덕에 유장을 바른 후 석쇠에서 애벌구이한 다음 고추장양념장을 골고루 발라 타지 않도록 구워낸다.

❸ 완성하기

- 구운 더덕을 접시에 가지런히 담아낸다.

Check point

구분	조리기술					작품평가		
항목	재료 손질	더덕 손질 두드리기	더덕 유장 바르기	양념장 만들기	석쇠 굽기	맛을 보는 경우	맛	색	그릇 담기
중요도	★	★★	★★	★★	★★	☆	★	★	★

배점표

구분	위생상태				조리기술								작품평가			
항목	1 위생복 착용 개인 위생	2 정리 정돈 청소	3 조리 순서 재료 기구 취급	소계	1 재료 손질	2 더덕 손질 하기	3 유장 만들기	4 양념장 만들기	5 석쇠 달구기	6 초벌 구이 하기	7 양념 발라 더덕 굽기	8 맛을 보는 경우	9 맛	10 색	11 그릇 담기	소계
배점	0 2 3	0 2 3	0 2 4	10	0 2 5	0 2 5	0 2	0 3	0 2	0 3	0 5 10	0 −2	0 3 6	0 2 5	0 2 4	45

꼭 알아두세요!

■ **더덕**

- 더덕을 소금물에 잠시 담가 쓴맛을 뺀 다음 물기를 닦는다.
- 물기를 제거한 후 두들겨야 부서지지 않는다.
- 더덕을 넓게 펴기 위해서는 더덕을 방망이로 두들기는 방법과 미는 방법이 있다. 이때 면포를 깔면 더덕이 덜 부서진다.
- 유장은 조금만 바르고 애벌구이를 해야 질척하지 않고 더덕구이의 색깔이 골고루 난다.

시험시간
20분

북어구이

북어구이는 마른 북어를 물에 불려 두들겨서 부드럽게 한 후 유장을 발라 애벌구이한 다음 고추장 양념에 재워두었다가 석쇠에 굽는 구이 음식이다. 명태는 생것은 생태, 얼린 것은 동태, 건조시킨 것은 북어라고 하며, 냉동과 건조를 반복하여 말린 황태로 구이를 하면 조직이 폭신폭신하여 맛이 더욱 담백하다.

요구사항

주어진 재료를 사용하여 다음과 같이 북어구이를 만드시오.

가. 구워진 북어의 길이는 5cm로 하시오.

나. 유장으로 초벌구이하고, 고추장 양념으로 석쇠에 구우시오.

다. 완성품은 3개를 제출하시오.

(단, 세로로 잘라 3/6토막 제출할 경우 수량부족으로 미완성 처리)

지급재료 목록

재료명	규격	수량
북어포	반을 갈라 말린 껍질이 있는 것(40g)	150g
진간장		60g
대파	흰 부분(4cm 정도)	30g
마늘	중(깐 것)	½토막
고추장		1쪽
흰 설탕		
깨소금		
참기름		
검은 후춧가루		5mL
식용유		5mL

양념장

고추장 2큰술, 간장 ½작은술, 설탕 1큰술, 다진 파 1작은술, 다진 마늘 ½작은술, 깨소금, 참기름, 후춧가루 적당량

유장

참기름 1작은술, 간장 ⅓작은술

만드는 방법

❶ 밑준비

- 북어는 물에 불렸다가 물기를 닦아내고 지느러미, 머리, 꼬리를 잘라내고 배를 갈라 뼈를 발라낸 후 6cm 길이로 토막내고, 등 쪽 껍질에 대각선으로 칼집을 넣어 오그라들지 않게 준비한다.
- 간장에 갖은양념을 넣고 고추장 양념장을 만든 후 손질한 북어에 골고루 유장을 발라준다.

❷ 재료 굽기

- 석쇠를 달군 후 기름을 바르고 애벌구이한다.

❸ 완성하기

- 애벌구이한 북어에 고추장 양념장을 앞뒤로 골고루 바르고 석쇠에 올려 타지 않게 구워낸다.

Check point

구분	조리기술						작품평가		
항목	재료 손질	북어 손질	유장 발라 초벌굽기	양념장 만들기	석쇠 굽기	맛을 보는 경우	맛	색	그릇 담기
중요도	★	★★	★★	★★	★★	☆	★	★	★

배점표

구분	위생상태				조리기술								작품평가			
항목	1	2	3	소계	1	2	3	4	5	6	7	8	9	10	11	소계
	위생복 착용 개인 위생	정리 정돈 청소	조리 순서 재료 기구 취급		재료 손질	파, 마늘 다지기	북어 불리기	북어 손질 하여 썰기	유장 만들기	양념장 만들기	북어 굽기	맛을 보는 경우	맛	색	그릇 담기	
배점	0 2 3	0 2 3	0 2 4	10	0 2 5	0 3	0 2	0 2 5	0 2	0 3	0 5 10	0 −2	0 3 6	0 2 5	0 2 4	45

꼭 알아두세요!

■ 전처리 과정

- 통북어 : 미지근한 물에 오래 담갔다가 북어 살이 부서지지 않게 방망이로 자근자근 두들긴다 → 물기 제거→ 머리, 지느러미 제거 → 배를 갈라 뼈 제거 → 껍질 쪽에 잔 칼집
- 황태 : 물에 잠깐 담가 놓는다 → 물기 제거 → 머리, 지느러미 제거 → 뼈 제거 → 껍질 쪽에 잔 칼집
- 코다리 : 반건조된 것이므로 살이 부스러지지 않게 살살 다뤄야 하며 물에 불리거나 두들길 필요가 없다 → 비늘 제거→ 머리, 지느러미 제거 → 배를 갈라 뼈 제거 → 껍질 쪽에 잔 칼집

■ 북어

- 북어는 물에 푹 담갔다가 꺼내 젖은 행주에 싸놓았다가 물기를 없애 잔가시를 제거하고, 북어 껍질에 가로, 세로로 잔 칼집을 넣어도 오그라들기 때문에 1~2cm 여유 있게 자른다.
- 북어는 마른행주로 물기를 없애고 유장처리를 하는데 애벌구이할 때 거의 익히고, 고추장 양념장을 여러 번 반복해서 바른 뒤에 구워야 윤기가 난다.
- 가장자리가 잘 타므로 가장자리에 유장을 넉넉히 발라 구우면 덜 탄다.

시험시간
25분

너비아니구이

너비아니는 소고기의 가장 연하고 맛있는 부위인 등심이나 안심을 너붓너붓하게 저며 잔 칼집을 내어 간장양념에 재워두었다가 석쇠에 굽는 음식이다.

요구사항

주어진 재료를 사용하여 다음과 같이 너비아니구이를 만드시오.

가. 완성된 너비아니는 0.5cm×4cm×5cm로 하시오.

나. 석쇠를 사용하여 굽고, 6쪽 제출하시오.

다. 잣가루를 고명으로 얹으시오.

지급재료 목록

재료명	규격	수량
소고기	안심 또는 등심	100g
진간장		50mL
대파	흰 부분(4cm 정도)	1토막
마늘	중(깐 것)	2쪽
검은 후춧가루		2g
흰 설탕		10g
깨소금		5g
참기름		10mL
배		⅛개
식용유		10mL
잣	깐 것	5개
A4용지		1장

7대 양념(소고기＋표고)

간장 1큰술, 설탕 ½큰술, 다진 파 1작은술, 다진 마늘, ½작은술, 깨소금, 참기름, 후춧가루 적당량, 배즙 1큰술

만드는 방법

❶ 밑준비

- 소고기는 기름과 힘줄을 제거한 후 결 반대방향으로 가로 · 세로 · 두께 5cm×6cm×0.4cm 정도로 썰어 칼등으로 앞뒤를 두들겨 연하게 만든다.
- 배는 강판에 갈아서 면포로 배즙을 낸 후 소고기에 고루 뿌려 재워둔다.
- 7대 양념에 남은 배를 넣고, 고기가 고르게 잠기도록 하여 재워둔다.
- 잣가루를 만든다.

❷ 재료 굽기

- 석쇠를 달궈 식용유를 바른 후, 양념장에 재워둔 고기를 얹어 중불에서 타지 않게 구워낸다. 석쇠로 구울 때에는 파, 마늘의 입자가 크거나 그 양이 너무 많이 들어가면 타기 쉬우므로 주의한다.

❸ 완성하기

- 접시에 구운 너비아니를 살짝 겹치게 담은 후 잣가루를 올려 담아낸다.

Check point

구분	조리기술						작품평가		
항목	재료 손질	고기 두드리기	배즙 만들기	양념장 재우기	석쇠 굽기	맛을 보는 경우	맛	색	그릇 담기
중요도	★	★★	★★	★★	★★	☆	★	★	★

배점표

구분	위생상태				조리기술								작품평가			
항목	1	2	3	소계	1	2	3	4	5	6	7	8	9	10	11	소계
	위생복 착용 개인 위생	정리 정돈 청소	조리 순서 재료 기구 취급		재료 손질	고기 손질 하기	소고기 배즙 채우기	양념장 만들어 재우기	잣가루 만들기	석쇠 달구기	고기 굽기	맛을 보는 경우	맛	색	그릇 담기	
배점	0 2 3	0 2 3	0 2 4	10	0 2 5	0 2 5	0 2 5	0 2 5	0 3	0 2	0 2 5	0 −2	0 3 6	0 2 5	0 2 4	45

꼭 알아두세요!

■ 석쇠 사용 요령

- 석쇠를 불에 달궈 붙어 있는 것들을 재로 만들어 수저로 긁어 털어낸 다음 물로 씻어 다시 달군다. 넉넉하게 기름을 묻힌 키친타월로 석쇠에 바르고 다시 달군 후 재운 소고기를 올려놓고 처음에는 센 불에서 구워 표면을 응고시키고 불을 낮추어 석쇠를 좌우로 움직여 가며 달라붙지 않도록 굽는다.

시험시간
30분

제육구이

제육구이는 돼지고기를 저며 잔 칼집을 넣고 곱게 다진 파, 마늘, 생강에 고추장을 섞어 만든 양념장으로 재워서 석쇠에 구운 매운맛을 낸 음식이다. 돼지의 누린내를 없애기 위해 파, 마늘, 생강즙, 청주를 양념으로 사용한다.

요구사항

주어진 재료를 사용하여 다음과 같이 제육구이를 만드시오.

가. 완성된 제육은 0.4cm×4cm×5cm 정도로 하시오.

나. 고추장 양념하여 석쇠에 구우시오.

다. 제육구이는 전량 제출하시오.

지급재료 목록

재료명	규격	수량
돼지고기	등심 또는 볼깃살	150g
고추장		40g
진간장		10mL
대파	흰 부분(4cm 정도)	1토막
마늘	중(깐 것)	2쪽
검은 후춧가루		2g
흰 설탕		15g
깨소금		5g
참기름		5mL
생강		10g
식용유		10mL

7대 양념(소고기+표고)

고추장 1큰술, 간장 ¼작은술, 설탕 ½큰술, 다진 파 1작은술, 다진 마늘 ½작은술, 생강즙 ¼작은술, 깨소금, 참기름, 후춧가루 적당량

만드는 방법

❶ 밑준비

- 돼지고기는 4cm×5cm×0.4cm로 얇게 저며 앞뒤로 잔 칼집을 넣어, 오그라들지 않도록 한다.
- 고추장에 간장과 갖은양념을 넣어 고추장 양념장을 만든다.
- 손질한 고기에 만들어 놓은 양념장을 고르게 발라 간이 배도록 한다.

❷ 재료 굽기

- 석쇠를 달궈 기름을 바른 후 고기를 얹어 타지 않게 충분히 구워낸다.

❸ 완성하기

- 구운 돼지고기를 살짝 겹쳐 접시에 담아낸다.

Check point

구분	조리기술						작품평가		
항목	재료 손질	고기 두드리기	파, 마늘, 생강 다지기	양념장 재우기	석쇠 굽기	맛을 보는 경우	맛	색	그릇 담기
중요도	★	★★	★★	★★	★★	☆	★	★	★

배점표

구분	위생상태				조리기술							작품평가			
항목	1	2	3	소계	1	2	3	4	5	6	7	8	9	10	소계
	위생복 착용 개인 위생	정리 정돈 청소	조리 순서 재료 기구 취급		재료 손질	파, 마늘, 생강 다지기	고기 손질 하기	양념장 만들어 재우기	석쇠 달구기	고기 굽기	맛을 보는 경우	맛	색	그릇 담기	
배점	0 2 3	0 2 3	0 2 4	10	0 2 5	0 2 5	0 2 5	0 2 5	0 2	0 5 10	0 –2	0 3 6	0 2 5	0 2 4	45

꼭 알아두세요!

■ **제육 손질**

- 돼지고기를 구울 때는 소고기처럼 많이 줄어들지 않으므로 잘 감안하여 썬다.
- 고추장 양념이 되직하지 않도록 물로 농도를 조절하고 고추장 양념에 간장을 많이 쓰면 색깔이 검고 어두워지므로 주의한다.
- 불이 세면 겉만 타고 속이 익지 않고 약불로만 너무 오래 익히면 수분이 말라 윤기가 없음에 유의한다.
- 고추장 양념은 불에 잘 타기 때문에 돼지고기가 익기도 전에 겉이 타기 쉽다. 따라서 양념장을 2~3번 덧발라 구우면 윤기가 난다.

시험시간
30분

생선양념구이

생선양념구이는 생선(조기, 병어)을 토막내지 않고 통째로 손질한 후 칼집을 넣고 유장을 발라 애벌구이한 후 고추장 양념장을 발라 타지 않게 석쇠에 구운 음식이다.

요구사항

주어진 재료를 사용하여 다음과 같이 생선양념구이를 만드시오.

가. 생선은 머리와 꼬리를 포함하여 통째로 사용하고 내장은 아가미 쪽으로 제거하시오.

나. 생선구이는 머리 왼쪽, 배 앞쪽 방향으로 담아내시오.

지급재료 목록

재료명	규격	수량
조기	100g~120g 정도	1마리
진간장		20mL
대파	흰 부분(4cm 정도)	1토막
마늘	중(깐 것)	1쪽
고추장		40g
흰 설탕		5g
깨소금		5g
참기름		5mL
소금	정제염	20g
검은 후춧가루		2g
식용유		10mL

양념장

고추장 1큰술, 간장 ¼작은술, 설탕 ½작은술, 다진 파 1작은술, 다진 마늘 ½작은술, 깨소금, 참기름, 후춧가루 적당량

유장

참기름 1작은술, 간장 ⅓작은술

만드는 방법

❶ 밑준비

- 생선은 비늘을 긁고, 지느러미를 손질하여 아가미에 나무젓가락을 넣어 내장을 꺼낸 다음 깨끗이 씻어 생선의 등 쪽에 2cm 간격으로 3번 칼집을 넣어 소금을 뿌려둔다.
- 파, 마늘을 곱게 다지고 고추장에 갖은양념을 섞어 고추장 양념을 만든다.
- 소금에 절인 생선은 물기를 닦은 후, 유장(간장:참기름)을 만들어 골고루 발라 재워둔다.

❷ 생선 굽기

- 석쇠를 달궈 기름을 바르고 유장처리한 생선을 애벌구이한 후 고추장 양념장을 발라 타지 않게 굽는다.

❸ 완성하기

- 완성된 생선구이는 머리가 왼쪽, 배가 앞으로 오도록 담아낸다.

Check point

구분	조리기술					작품평가		
항목	재료 손질	생선 손질	유장 발라 굽기	양념장 만들기	석쇠 굽기	맛을 보는 경우	맛	색	그릇 담기
중요도	★	★★	★★	★★	★★	☆	★	★	★

배점표

구분	위생상태				조리기술								작품평가			
항목	1	2	3	소계	1	2	3	4	5	6	7	8	9	10	11	소계
	위생복 착용 개인 위생	정리 정돈 청소	조리 순서 재료 기구 취급		재료 손질	생선 손질 하기	유장 만들기	양념장 만들기	석쇠 달구기	초벌 구이 하기	양념 발라 생선 굽기	맛을 보는 경우	맛	색	그릇 담기	
배점	0 2 3	0 2 3	0 2 4	10	0 2 5	0 2 5	0 2	0 3	0 2	0 3	0 5 10	0 −2	0 3 6	0 2 5	0 2 4	45

꼭 알아두세요!

■ **생선 손질**

- 생선의 비늘은 칼을 이용하여 꼬리에서 머리 쪽으로 긁어내고 생선의 배가 터지지 않도록 입이나 아가미 쪽으로 나무젓가락을 넣고 돌려서 뒤로 빼내어 내장을 제거한다.
- 생선은 지느러미를 제거하지 않으면 타기 쉬우므로 꼬리부분을 제외한 지느러미를 일직선으로 다듬거나 V자 모양으로 잘라낸다. 생선에 칼집을 넣는다. 유장을 바른다.
- 생선은 가장자리와 꼬리가 잘 타므로 특히 유장을 가장자리와 꼬리 쪽에 넉넉히 바른다.
- 생선은 유장처리해서 애벌구이할 때 거의 익히고 고추장 양념장을 바른 뒤에 구울 때는 고추장을 말리는 정도로만 구워낸다.

한식 조림 · 초조리(두부조림, 홍합초, 오징어볶음)

1) 조림 · 초

조림은 주로 반상에 오르는 찬품으로 육류, 어패류, 채소류로 만든다. 궁중에서는 조림을 조리개, 조리니라고 하였다. 오래 저장하면서 먹을 것은 간을 약간 세게 한다. 조림요리는 어패류, 우육 등의 간장, 기름 등을 넣어 즙액이 거의 없도록 간간하게 익힌 요리이며, 밥반찬으로 널리 상용되는 것이다. 조림은 약한 불에서, 국물을 끼얹어 가며 조린다. 돼지고기 또는 쇠고기를 간장 양념한 짭짤한 장조림 또는 천리찬이라고 해서 옛날 과거 보러 가는 선비들이 괴나리봇짐에 넣고 다녔을 정도로 저장성이 뛰어난 조리법이다.

생선조림을 할 때 다 조려졌는지 아닌지는 재료의 무른 정도를 보고 결정한다. 계속 조려야만 건더기에 간이 배는 것이 아니므로 젓가락으로 찔러봐서 쑥 들어갈 정도일 때 불을 끈다. 불을 끄고 그대로 두면 간이 배어든다.

조림을 할 때 국물을 너무 많이 잡으면 조려지는 데 시간이 걸려 모양이 망가질 수 있으므로 주의한다. 조림은 국물을 끼얹으면서 건더기가 들썩이지 않을 정도의 약한 불에서 서서히 조린다.

초는 볶는 조리의 총칭이다. 초(炒)는 한자로 볶는다는 뜻이 있으나 우리나라의 조리법에서는 조림처럼 끓이다가 국물이 조금 남았을 때 녹말을 풀어 넣어 국물이 걸쭉하여 전체가 고루 윤이 나게 조리는 조리법이다. 초는 대체로 조림보다 간을 약하고 달게 하며 재료로는 홍합과 전복이 가장 많이 쓰인다.

조자호(趙慈鎬)는 초란 "조림과 같은 방법으로 요리하되 조림의 국물에 녹말가루를 풀어 넣고 익혀서 그것이 재료에 엉기도록 한 것이다. 전복초 · 홍합초 등이 있다."고 하였고, 『조선무쌍신식요리제법(朝鮮無雙新式料理製法)』에서는 "국은 국물이 가장 많고, 지짐이는 국물이 바특하고, 초는 국물이 더 바특하여 찜보다 조금 국물이 있는 것이다."고 설명하였다. 또, 황혜성(黃慧性)은 "초란 생복초(生鰒炒) · 홍합초와 같이 싱겁고 달콤하게 조려 국물이 거의 없어지게 하는 요리법이다."라고 하였다.

볶음에는 콩을 볶는 것과 같은 건열볶음 이외에 습열볶음이 있는데 습열볶음에는 가리비볶음 · 간볶음 · 낙지볶음 · 송이볶음 · 우엉볶음 · 제육볶음 등이 있고, 건열볶음에는 명태볶음 · 자반볶음 · 고추장볶음 · 멸치볶음 · 새우볶음 · 조갯살볶음 · 오징어채볶음 · 쥐치채볶음 등이 있다.

시험시간
25분

두부조림

두부조림은 두부의 양면을 기름에 노릇노릇하게 지져서 간장과 설탕으로 윤기 나게 조려 고명을 올린 음식이다. 궁중에서는 조림을 조리개라고 하였다.

요구사항

주어진 재료를 사용하여 다음과 같이 두부조림을 만드시오.

가. 두부는 0.8cm×3cm×4.5cm로 써시오.

나. 8쪽을 제출하고, 촉촉하게 보이도록 국물을 약간 끼얹어 내시오.

다. 실고추와 파채를 고명으로 얹으시오.

지급재료 목록

재료명	규격	수량
두부		200
대파	흰 부분(4cm 정도)	1토막
실고추		1g
검은 후춧가루		1g
참기름		5ml
소금	정제염	5g
마늘	중(깐 것)	1개
식용유		30ml
진간장		15ml
깨소금		5g
흰 설탕		5g

양념장

간장 1큰술, 설탕 ½작은술, 다진 파 1작은술,
다진 마늘 ½작은술, 깨소금, 참기름, 후춧가루 적당량

만드는 방법

❶ 밑준비

- 두부는 3cm×4.5cm×0.8cm의 직사각형 모양으로 일정하게 썬 후 소금을 뿌려둔다.
- 파의 반은 1.5cm로 채썰고, 나머지는 다져서 양념장에 사용한다.
- 간장에 갖은양념과 물을 넣어 양념장을 만든다.
- 두부의 물기를 제거한 후 팬에 기름을 두르고 달궈지면 두부를 앞뒤로 노릇노릇하게 지져낸다.

❷ 두부 조리기

- 냄비에 지진 두부를 넣고 양념장을 부어 골고루 끼얹어 가며 천천히 조린다.
- 두부가 어느 정도 조려지면 파채, 실고추를 올린 후 잠시 뚜껑을 덮어 숨을 죽인 후 담아낸다.

❸ 완성하기

- 완성된 두부를 살짝 겹쳐 담고, 조림국물을 끼얹어 촉촉하게 완성한다.

Check point

구분	조리기술						작품평가		
항목	재료 손질	두부 썰기	두부 굽기	고명 만들기	두부 조리기	맛을 보는 경우	맛	색	그릇 담기
중요도	★	★★	★★	★★	★★	☆	★	★	★

배점표

구분	위생상태				조리기술								작품평가			
항목	1	2	3	소계	1	2	3	4	5	6	7	8	9	10	11	소계
	위생복 착용 개인 위생	정리 정돈 청소	조리 순서 재료 기구 취급		재료 손질 하기	두부 자르기	소금 뿌려 놓기	양념 만들기	두부 지져 내기	조려 내기	고명 만들기	맛을 보는 경우	맛	색	그릇 담기	
배점	0 2 3	0 2 3	0 2 4	10	0 3	0 3 5	0 3	0 2 4	0 2 5	0 3 7	0 2 3	0 −2	0 3 6	0 2 5	0 2 4	45

꼭 알아두세요!

■ 두부

- 두부에 소금을 뿌린 다음 기름을 넉넉히 두르고 센 불에서 양면을 노릇노릇하게 지진다.
- 뚜껑을 열고 국물을 끼얹어가며 조려야 윤기가 난다.
- 약한 불에서 지지면 물이 생겨 두부가 부서지기 쉬우므로 지질 때 주의한다.
- 파는 마지막에 올려야 푸른색이 살아난다.
- 완성 접시에 담아낼 때 촉촉하게 국물을 끼얹어 낸다.

시험시간
20분

홍합초

홍합초란 간장과 설탕으로 양념장을 만들어 윤기 나게 조려낸 음식으로, 생홍합은 손질하여 끓는 물에 데치고, 말린 홍합은 물에 충분히 불려서 사용한다. 초(炒)는 한자로 볶는다는 뜻으로 국물이 조금 남았을 때 녹말물을 풀어 넣어 국물이 걸쭉하면서 전체가 고루 윤이 나게 조리는 방법이다.

요구사항

주어진 재료를 사용하여 다음과 같이 홍합초를 만드시오.

가. 마늘과 생강은 편으로, 파는 2cm로 써시오.

나. 홍합은 전량 사용하고, 촉촉하게 보이도록 국물을 끼얹어 제출하시오.

다. 잣가루를 고명으로 얹으시오.

지급재료 목록

재료명	규격	수량
생홍합		100g
대파	흰 부분(4cm 정도)	1토막
검은 후춧가루		2g
참기름		5mL
마늘	중(깐 것)	2쪽
진간장		40mL
생강		15g
흰 설탕		10g
잣	깐 것	5개
A4용지		1장

양념장

간장 1큰술, 물 4큰술, 설탕 ½큰술, 참기름, 후춧가루 적당량

만드는 방법

❶ 밑준비

- 생홍합은 잔털을 제거하고 소금물에 흔들어 씻은 후 끓는 물에 소금을 넣고 살짝 데쳐낸다.
- 마늘과 생강은 0.2cm 두께로 편으로 썰고, 파는 2cm 길이로 썬다.
- 고깔 뗀 잣을 종이 위에 놓고 곱게 다져 잣가루를 만든다.

❷ 홍합 조리기

- 냄비에 간장, 설탕, 물을 넣고 끓으면 마늘편, 생강편, 데쳐낸 홍합을 넣어 중불에서 국물을 끼얹어가며 은근히 조리다 국물이 졸아들면 파를 넣고 마지막으로 후춧가루와 참기름을 넣어 섞어준다.

❸ 완성하기

- 그릇에 홍합초를 담고 조린 국물을 약간 끼얹은 후 잣가루를 뿌려 낸다.

Check point

구분	조리기술						작품평가		
항목	재료 손질	홍합 손질	마늘, 생강 편썰기	양념장 만들기	잣 다지기	맛을 보는 경우	맛	색	그릇 담기
중요도	★	★★	★★	★★	★★	☆	★	★	★

배점표

구분	위생상태				조리기술								작품평가			
항목	1	2	3	소계	1	2	3	4	5	6	7	9	10	11	12	소계
	위생복 착용 개인 위생	정리 정돈 청소	조리 순서 재료 기구 취급		재료 손질	마늘, 생강 편 썰기	홍합 손질	파 썰기	잣가루 만들기	양념장 만들기	홍합 조리기	맛을 보는 경우	맛	색	그릇 담기	
배점	0 2 3	0 2 3	0 2 4	10	0 3	0 2 4	0 2 4	0 2	0 2	0 2 5	0 5 10	0 –2	0 3 6	0 2 5	0 2 4	45

꼭 알아두세요!

■ **홍합**

- 생홍합은 수염을 떼어내고 데쳐서 사용하며, 마른 홍합은 소금물에 충분히 불려 사용한다.
- 마늘, 생강, 대파는 무르지 않게 주의하고, 두꺼운 대파가 나오면 처음부터 넣고 조려야 한다.
- 뚜껑을 열고 국물을 끼얹어가며 은근히 조려야 색깔이 곱고 윤기가 난다. (센 불→중불→센 불)

시험시간
30분

오징어볶음

오징어볶음은 물오징어의 껍질을 벗긴 후, 안쪽에 사선으로 일정하게 잔 칼집을 넣어 채소와 함께 오징어의 담백한 맛과 고추장 양념으로 매콤하게 볶아낸 음식이다.

요구사항

주어진 재료를 사용하여 다음과 같이 오징어볶음을 만드시오.

가. 오징어는 0.3cm 폭으로 어슷하게 칼집을 넣고, 크기는 4cm×1.5cm 정도로 써시오.
(단, 오징어 다리는 4cm 길이로 자른다.)

나. 고추, 파는 어슷썰기, 양파는 폭 1cm로 써시오.

지급재료 목록

재료명	규격	수량
물오징어	250g 정도	1마리
소금	정제염	5g
진간장		10ml
흰 설탕		20g
참기름		10ml
깨소금		5g
풋고추	길이 5cm 이상	1개
홍고추(생)		1개
양파	중(150g 정도)	⅓개
마늘	중(깐 것)	2개
대파	흰 부분(4cm 정도)	1토막
생강		5g
고춧가루		15g
고추장		50g
검은 후춧가루		2g
식용유		30ml

양념장

고추장 2큰술, 고춧가루 2작은술, 간장 1큰술, 설탕 1큰술, 다진 마늘 1작은술, 다진 생강 ¼작은술, 깨소금, 참기름, 후춧가루 적당량

만드는 방법

❶ 밑준비

- 오징어는 껍질을 벗겨 깨끗이 씻은 뒤 몸통 중앙을 길이로 반을 가른다.
- 오징어의 몸통 안쪽에 가로, 세로 0.3cm 간격으로 어슷하게 칼집을 넣어 길이 5cm, 폭이 1.5cm가 되게 썬다. 다리 길이는 4cm로 썬다.
- 마늘과 생강은 곱게 다져 놓는다.
- 대파는 0.5cm 두께, 고추는 0.8cm 두께로 어슷썰기, 양파는 한 장씩 떼어 1cm 너비로 썬다.
- 간장에 고춧가루와 분량의 양념을 넣어 양념장을 만든다.

❷ 오징어 볶기

- 기름 두른 팬에 다진 마늘과 생강을 볶다가 양파, 오징어, 양념장, 고추, 대파의 순서로 볶아준다.

❸ 완성하기

- 마지막에 참기름을 넣고 고루 섞어 그릇에 담아낸다.

Check point

구분	조리기술						작품평가		
항목	재료 손질	오징어 손질	오징어 칼집	양념장 만들기	오징어 볶기	맛을 보는 경우	맛	색	그릇 담기
중요도	★	★★	★★	★★	★★	☆	★	★	★

배점표

구분	위생상태				조리기술							작품평가			
항목	1	2	3	소계	1	2	3	4	5	6	7	8	9	10	소계
	위생복 착용 개인 위생	정리 정돈 청소	조리 순서 재료 기구 취급		재료 손질	마늘, 생강 다지기	오징어 손질	오징어 썰기	채소 준비 하기	양념장 만들기	맛을 보는 경우	맛	색	그릇 담기	
배점	0 2 3	0 2 3	0 2 4	10	0 3	0 2	0 2	0 3	0 2 5	0 2 5	0 –2	0 3 6	0 2 5	0 2 4	45

꼭 알아두세요!

■ 오징어

- 소금을 손에 묻혀 껍질을 잡아 벗기거나 마른행주를 오징어 껍질에 문질러 벗긴다.
- 오징어 안쪽에 일정한 간격의 사선으로 칼집을 넣고 가로로 잘라야 모양이 일정하며 세로로 썰면 동그랗게 말린다.

한식 전 · 적조리
(육원전, 표고전, 풋고추전, 생선전, 섭산적, 지짐누름적, 화양적)

1) 전 · 적

전은 기름을 두르고 지지는 조리법으로 전유어, 전유아, 저냐, 전야 등으로 부르기도 한다. 궁중에서는 전유화(煎油花)라 하였고 제사에 쓰이는 전유어를 간남 · 간납 · 갈랍이라고도 한다. 일본에는 경상도 방언인 지짐이 변형된 '치지미(チヂミ)'로 알려져 있다. 전은 반상 · 면상 · 교자상 · 주안상 등에 주로 차려지며, 간장이나 초간장을 곁들여 낸다. 지짐은 빈대떡, 파, 전처럼 재료들을 밀가루 푼 것에 섞어서 기름에 지져내는 음식이다.

제상에 올리는 육적이 가장 원형에 가까운 적의 형태이며, 초기의 적은 굽는 조리법에서 재료를 익혀서 꿰는 조리법으로 재료에 밀가루와 달걀을 씌워서 번철에 지지는 조리법 등으로 분화 발달하였다. 적(炙)은 산적, 누름적, 지짐누름적으로 분류할 수 있는데 산적은 익히지 않은 재료를 꼬치에 꿰어서 굽거나 지진 것, 누름적은 재료를 각각 양념하여 익힌 다음 꼬치에 꿴 것으로 화양적 등이 있다. 지짐누름적은 재료를 꿰어 전을 부치듯이 옷을 입혀서 지진 것이다.

- **산적** – 익히지 않은 재료를 각각 양념하여 꼬챙이에 꿰어 굽는 것
- **누름적** – 재료를 미리 익힌 뒤 꼬챙이에 꿰는 것
- **지짐누름적** – 재료를 꼬챙이에 꿰어 밀가루를 묻히고 달걀을 씌워 전(煎) 부치듯이 번철에 지지는 것으로 '적'이라고도 한다.

▶ 전 지짐할 때의 요령

- 곡류전은 기름을 넉넉히 넣어야 바삭한 느낌을 얻을 수 있다. 채소전은 기름이 많으면 색이 누렇게 되고, 밀가루 또는 달걀이 쉽게 벗겨진다.
- 달걀, 밀가루, 쌀가루, 찹쌀가루를 혼합하여 사용하는 경우는 전의 모양을 형성할 때, 점성을 높일 때, 부드럽게 할 때, 모양이 형성되지 않아 뒤집을 때 어려움을 느끼는 경우에 사용한다.
- 부재료가 부족하면 전이 처지게 된다. 처지는 것을 방지한다고 밀가루 등의 재료로 점성을 높여주면 전이 딱딱해진다.

시험시간
20분

육원전

육원전은 곱게 다진 고기에 7대 양념을 하여 충분히 치댄 다음 둥글납작하게 완자를 빚어서 밀가루와 달걀물을 입혀 지진 음식이다. 전유어를 궁중에서는 '전유화'라고 하며, 민간에서는 '저냐', '전유아', '전'이라고도 불렀다.

요구사항

주어진 재료를 사용하여 다음과 같이 육원전을 만드시오.

가. 육원전은 직경이 4cm, 두께 0.7cm 정도가 되도록 하시오.

나. 달걀은 흰자, 노른자를 혼합하여 사용하시오.

다. 육원전은 6개를 제출하시오.

지급재료 목록

재료명	규격	수량
소고기	살코기	70g
두부		30g
밀가루	중력분	20g
달걀		1개
대파	흰 부분(4cm 정도)	1토막
검은 후춧가루		2g
참기름		5mL
소금	정제염	5g
마늘	중(깐 것)	1쪽
식용유		30mL
깨소금		5g
흰 설탕		5g

7대 양념(소고기)

소금 ¼작은술, 설탕 ⅛작은술, 다진 파 ½작은술,
다진 마늘 ¼작은술, 깨소금, 참기름, 후춧가루 적당량

만드는 방법

❶ 밑준비

- 소고기는 기름기를 제거한 후 곱게 다진다.
- 두부는 젖은 면포로 물기를 꼭 짠 후, 도마에서 칼등으로 곱게 으깬다.
- 파와 마늘은 곱게 다진다.

❷ 육원전 부치기

- 다진 소고기와 으깬 두부를 합한 후 7대 양념을 하여 충분히 치댄 후 직경 3.5cm 정도의 둥글고 납작한 완자를 빚어 밀가루, 달걀물을 묻혀 팬에 기름을 두르고 속까지 익힌다.

❸ 완성하기

- 완성한 6개의 육원전을 접시에 담아낸다.

Check point

구분	조리기술					작품평가		
항목	재료 손질	파, 마늘 곱게 다지기	고기, 두부 곱게 다지기	완자 치대기	전 익히기	맛을 보는 경우	맛	색	그릇 담기
중요도	★	★★	★★	★★	★★	☆	★	★	★

배점표

구분	위생상태				조리기술							작품평가			
항목	1	2	3	소계	1	2	3	4	5	6	7	8	9	10	소계
	위생복 착용 개인 위생	정리 정돈 청소	조리 순서 재료 기구 취급		재료 손질	소고기 다지기	두부 으깨기	양념 하기	육원전 만들기	지져 내기	맛을 보는 경우	맛	색	그릇 담기	
배점	0 2 3	0 2 3	0 2 4	10	0 2	0 5	0 4	0 2 5	0 3 6	0 4 8	0 –2	0 3 6	0 2 5	0 2 4	45

꼭 알아두세요!

■ **완자**

- 소고기(살코기), 두부, 파, 마늘을 곱게 다져 오래 치대야 완성되었을 때 표면이 매끄럽다.
- 완자를 빚을 때 손에 식용유를 살짝 바르면 달라붙는 것을 방지할 수 있다.
- 전의 색을 노랗게 하려면 달걀흰자를 줄이고 노른자를 많이 사용한다.
- 기름을 살짝 두르고 약불에서 앞뒷면을 지진 뒤 옆으로 굴려가며 모양을 잡아 익힌다. 밀가루와 달걀물은 팬에서 지지기 직전에 입힌다.

시험시간
20분

표고전

표고전은 작고 도톰하며 갓이 피지 않은 건표고를 물에 불려 기둥을 떼고 두부와 곱게 다진 소고기를 소로 하여 밀가루와 달걀물을 입혀 지져낸 전유어이다.

요구사항

주어진 재료를 사용하여 다음과 같이 표고전을 만드시오.

가. 표고버섯과 속은 각각 양념하여 사용하시오.

나. 표고전은 5개를 제출하시오.

지급재료 목록

재료명	규격	수량
건표고버섯	지름 2.5~4cm 정도	5개
소고기	살코기	30g
두부		15g
밀가루	중력분	20g
달걀		1개
대파	흰 부분(4cm 정도)	1토막
검은 후춧가루		1g
참기름		5mL
소금	정제염	5g
깨소금		5g
마늘	중(깐 것)	1쪽
식용유		20mL
진간장		5mL
흰 설탕		5g

7대 양념(소고기+두부)

소금 ¼작은술, 설탕 ⅛작은술, 다진 파 ½작은술, 다진 마늘 ¼작은술, 깨소금, 참기름, 후춧가루 적당량

표고버섯 양념

간장 ¼작은술, 설탕 ⅛작은술, 참기름 적당량

만드는 방법

❶ 밑준비

- 마른 표고버섯은 따뜻한 물에 불려 기둥을 떼어내고, 물기를 제거하여 간장, 설탕, 참기름으로 양념해 둔다.
- 소고기는 곱게 다지고, 두부는 물기를 꼭 짜서 칼등으로 으깬 후 7대 양념하여 끈기가 생기도록 치대어 소를 만든다.
- 양념한 표고버섯 안쪽에 밀가루를 뿌리고 속을 꼭꼭 채워 편편하게 만든다.

❷ 표고전 부치기

- 소가 들어간 쪽에만 밀가루와 달걀물을 발라 기름 두른 팬에 은근한 불로 고기를 완전히 익히고, 뒤집어 윗면은 살짝만 지져 낸다.

❸ 완성하기

- 완성한 5개의 표고전을 접시에 담아낸다.

Check point

구분	조리기술						작품평가		
항목	재료 손질	달걀 체 내리기	버섯 밑양념	고기, 두부 곱게 다지기	전 익히기	맛을 보는 경우	맛	색	그릇 담기
중요도	★	★★	★★	★★	★★	☆	★	★	★

배점표

구분	위생상태				조리기술								작품평가			
항목	1	2	3	소계	1	2	3	4	5	6	7	8	9	10	11	소계
	위생복 착용 개인 위생	정리 정돈 청소	조리 순서 재료 기구 취급		재료 손질	표고 버섯 밑간 하기	소고기 다지기	두부 으깨기	소 양념 하기	표고속 넣기	지져 내기	맛을 보는 경우	맛	색	그릇 담기	
배점	0 2 3	0 2 3	0 2 4	10	0 2	0 4	0 2 5	0 2	0 3 4	0 3 5	0 4 8	0 −2	0 3 6	0 2 5	0 2 4	45

꼭 알아두세요!

■ 표고버섯

- 건표고는 물에 충분히 불려 기둥을 떼고, 생표고는 끓는 물에 살짝 데쳐 사용한다.
- 물기를 꼭 짜서 양념해야 전을 지질 때 물기가 생기지 않는다.
- 표고 가운데 두꺼운 부분은 칼로 살짝 저며주고, 소를 넣기 전 간장, 설탕, 참기름으로 양념을 따로 해주면 맛있다.
- 소를 넣을 때는 표고 가장자리에 말려 있는 부분까지 펴서 깊숙이 넣어주어야 익혔을 때 소가 따로 떨어지지 않고 모양도 좋다.
- 소를 너무 많이 넣으면 잘 익지 않고 익혔을 때 볼록해져 모양이 나쁘다.
- 표고의 등 쪽에는 밀가루와 달걀물이 묻지 않도록 하여 색을 잘 살리도록 하며 묻었을 때는 키친타월로 깨끗이 닦아낸다.
- 팬에서 지질 때는 온도를 약하게 해야 타지 않고 속까지 완전히 익힐 수 있다.

시험시간
25분

풋고추전

풋고추전은 연한 풋고추를 반으로 갈라 씨를 제거하고 곱게 다진 고기와 두부의 수분을 제거한 후 갖은양념을 넣어 충분히 치댄 다음 고추에 속을 채워 밀가루와 달걀물을 입혀 지져낸 음식이다. 반상, 면상, 주안상, 교자상 등에 빠지지 않고 오르는 음식이다.

요구사항

주어진 재료를 사용하여 다음과 같이 풋고추전을 만드시오.

가. 풋고추는 5cm 길이로, 소를 넣어 지져 내시오.

나. 풋고추는 잘라 데쳐서 사용하며, 완성된 풋고추전은 8개를 제출하시오.

지급재료 목록

재료명	규격	수량
풋고추	길이 11cm 이상	2개
소고기	살코기	30g
두부		15g
밀가루	중력분	15g
달걀		1개
대파	흰 부분(4cm 정도)	1토막
검은 후춧가루		1g
참기름		5mL
소금	정제염	5g
깨소금		5g
마늘	중(깐 것)	1쪽
식용유		20mL
흰 설탕		5g

7대 양념(소고기+두부)

소금 $\frac{1}{8}$작은술, 설탕 $\frac{1}{16}$작은술, 다진 파 $\frac{1}{4}$작은술, 다진 마늘 $\frac{1}{8}$작은술, 깨소금, 참기름, 후춧가루 적당량

만드는 방법

❶ 밑준비

- 풋고추는 반으로 갈라 씨를 제거하고 5cm 길이로 잘라 끓는 물에 소금을 넣고 데쳐내어 찬물에 헹군 뒤 물기를 제거한다.
- 파, 마늘은 곱게 다진다.
- 소고기는 곱게 다지고, 두부는 물기를 꼭 짜 칼등으로 곱게 으깨어 7대 양념을 하여 충분히 치대어 소를 만든다.
- 고추 안쪽에 밀가루를 뿌린 후 나머지는 털어내고 소를 편편하게 채운다.

❷ 풋고추전 부치기

- 속을 채워 넣은 쪽에만 밀가루를 묻힌 후 나머지는 털어내고 달걀옷을 입혀 팬에 기름을 두르고 고기가 완전히 익도록 지지고 한번 정도 살짝 뒤집었다 꺼낸다.

❸ 완성하기

- 지져낸 풋고추의 끝부분이 겹쳐지도록 담아낸다.

Check point

구분	조리기술						작품평가		
항목	재료 손질	달걀 체 내리기	풋고추 데치기	두부, 고기 곱게 다지기	전 익히기	맛을 보는 경우	맛	색	그릇 담기
중요도	★	★★	★★	★★	★★	☆	★	★	★

배점표

구분	위생상태				조리기술								작품평가			
항목	1	2	3	소계	1	2	3	4	5	6	7	8	9	10	11	소계
	위생복 착용 개인 위생	정리 정돈 청소	조리 순서 재료 기구 취급		재료 손질	풋고추 썰어 데치기	소고기 다지기	두부 으깨기	소 양념 하기	풋고추 속 넣기	지져 내기	맛을 보는 경우	맛	색	그릇 담기	
배점	0 2 3	0 2 3	0 2 4	10	0 2	0 4	0 2 5	0 2	0 3 4	0 3 5	0 4 8	0 −2	0 3 6	0 2 5	0 2 4	45

꼭 알아두세요!

■ **풋고추**

- 소를 넣을 때는 풋고추전이 익으면서 배가 볼록해질 정도로 많이 넣지 말고 소와 풋고추가 잘 밀착되도록 넣는다.
- 풋고추전을 팬에서 지질 때는 온도를 약하게 해야 타지 않고 속까지 완전히 익는다.
- 풋고추의 등 쪽(파란 부분)은 누렇게 변색되지 않도록 불을 끄고 잠시 지졌다가 바로 뒤집어야 색이 곱다.

생선전

생선전은 주로 지방이 적은 흰살생선(동태, 대구, 광어, 민어, 가자미)을 포를 떠서 밀가루와 달걀물을 입혀 지져 낸 음식으로 생선살이 부서지지 않게 넓게 포를 떠야 모양이 깨끗하다. 『음식디미방』에서는 어패류에 밀가루만을 묻혀서 기름에 지진 것을 '어전'이라 기록하였다.

요구사항

주어진 재료를 사용하여 다음과 같이 생선전을 만드시오.

가. 생선전은 0.5cm×5cm×4cm로 만드시오.

나. 달걀은 흰자, 노른자를 혼합하여 사용하시오.

다. 생선전은 8개 제출하시오.

지급재료 목록

재료명	규격	수량
동태	400g 정도	1마리
밀가루	중력분	30g
달걀		1개
소금	정제염	10g
흰 후춧가루		2g
식용유		50mL

초간장

간장 1작은술, 식초 1작은술, 물 1작은술

만드는 방법

❶ 밑준비

- 동태는 비늘을 벗기고 지느러미, 내장을 제거한 후 깨끗이 씻어 물기를 닦아 3장 뜨기 한다.
- 생선의 껍질 쪽을 밑으로 가도록 하고 꼬리 쪽에 칼집을 넣어 생선살을 조금 떠서 껍질을 왼손에 잡고 칼을 서서히 좌우로 흔들어가며 앞으로 밀면서 껍질을 벗겨낸다.
- 껍질을 벗긴 생선살은 4cm×5cm×0.5cm로 어슷하게 포를 떠서 물기를 제거한 후 소금, 흰 후춧가루를 뿌려 밑간을 해둔다.

❷ 생선전 부치기

- 밀가루, 달걀물을 입혀 지져낸다.

❸ 완성하기

- 완성한 8개의 생선전을 접시에 담아낸다.

Check point

구분	조리기술						작품평가		
항목	재료 손질	달걀 체 내리기	생선포 뜨기	생선 밑양념	전 익히기	맛을 보는 경우	맛	색	그릇 담기
중요도	★	★★	★★	★★	★★	☆	★	★	★

배점표

구분	위생상태				조리기술							작품평가			
항목	1	2	3	소계	1	2	3	4	5	6	7	8	9	10	소계
	위생복 착용 개인 위생	정리 정돈 청소	조리 순서 재료 기구 취급		재료 손질	껍질 벗기기	포 뜨기	소금, 후추 뿌림	달걀 밀가루 입힘	지져 내기	맛을 보는 경우	맛	색	그릇 담기	
배점	0 2 3	0 2 3	0 2 4	10	0 3 5	0 4	0 5 10	0 2	0 3	0 2 6	0 −2	0 3 6	0 2 5	0 2 4	45

꼭 알아두세요!

■ **생선**

- 물기를 제거하지 않으면 포 뜰 때 생선살이 부서지기 쉬우므로 물기를 제거하고 포를 뜬다.
- 생선에 밀가루를 골고루 얇게 묻히고 달걀옷을 입혀 깨끗하게 지져낸다.
- 전의 색을 노랗게 하려면 달걀흰자를 줄이고 노른자를 많이 사용한다.
- 약불에서 앞뒤로 뒤집어가며 모양을 잡아야 반듯하다.
- 생선은 안쪽을 먼저 지져야 모양이 반듯하다.

시험시간
30분

섭산적

섭산적은 기름기 없는 소고기와 두부를 곱게 다져 양념한 뒤 오래 치대어 얇고 넓적하게 반대기를 만들어 석쇠에 구운 것으로 산적의 한 종류이다. 식은 후 먹기 좋게 한입 크기로 잘라 잣가루를 뿌려 완성한다. 장산적은 섭산적을 간장에 조린 것을 말한다.

요구사항

주어진 재료를 사용하여 다음과 같이 섭산적을 만드시오.

가. 고기와 두부의 비율을 3:1 정도로 하시오.

나. 다져서 양념한 소고기는 크게 반대기를 지어 석쇠에 구우시오.

다. 완성된 섭산적은 0.7cm×2cm×2cm로 9개 이상 제출하시오.

지급재료 목록

재료명	규격	수량
소고기	살코기	80g
두부		30g
대파	흰 부분(4cm 정도)	1토막
마늘	중(깐 것)	1쪽
소금	정제염	5g
흰 설탕		10g
깨소금		5g
참기름		5mL
검은 후춧가루		2g
잣	깐 것	10개
식용유		30mL

7대 양념

소금 ½작은술, 설탕 1작은술, 다진 파 1작은술,
다진 마늘 ½작은술, 깨소금, 참기름, 후춧가루 적당량

만드는 방법

❶ 밑준비

- 소고기는 기름기를 제거하여 곱게 다지고, 두부는 면포에 짠 후 곱게 으깨어 고기와 두부의 비율이 3:1이 되게 고루 섞어 분량의 갖은양념을 넣고 끈기가 생기도록 치대준다.
- 도마에 기름을 조금 바른 후 양념한 고기를 놓고 두께가 0.6cm 정도로 네모지게 반대기를 짓고 가로, 세로로 잔 칼집을 곱게 넣는다.
- 잣은 고깔을 뗀 후 종이 위에서 칼로 곱게 다져 기름기를 제거한다.

❷ 석쇠에 굽기

- 석쇠에 기름을 바르고 달군 후 고기를 타지 않게 굽는다.

❸ 완성하기

- 구운 섭산적을 식힌 후 2cm×2cm 크기로 썰어 접시에 담고, 잣가루를 뿌려 담아낸다.

Check point

구분	조리기술						작품평가		
항목	재료 손질	고기 핏물, 기름기 제거	파, 마늘 곱게 다지기	고기, 두부 오래 치대기	석쇠 굽기	맛을 보는 경우	맛	색	그릇 담기
중요도	★	★★	★★	★★	★★	☆	★	★	★

배점표

구분	위생상태				조리기술								작품평가			
항목	1	2	3	소계	1	2	3	4	5	6	7	8	9	10	11	소계
	위생복 착용 개인 위생	정리 정돈 청소	조리 순서 재료 기구 취급		재료 손질	소고기 다지기	두부 으깨기	양념 하기	반대기 만들기	석쇠 달구기	고기 굽기	맛을 보는 경우	맛	색	그릇 담기	
배점	0 2 3	0 2 3	0 2 4	10	0 2 5	0 2 5	0 2 5	0 2 5	0 3	0 2	0 2 5	0 −2	0 3 6	0 2 5	0 2 4	45

꼭 알아두세요!

■ 반대기 빚기

- 소고기와 두부의 양은 3:1 이 적당하다.
- 소고기, 두부, 파, 마늘은 곱게 다지고 나머지 양념을 한 후 끈기가 생기도록 오래 치대야 구웠을 때 울퉁불퉁하지 않고 표면이 갈라지지 않는다.
- 반대기 위에 가로, 세로로 잔 칼집을 넣어야 모양이 덜 오그라든다.
- 석쇠는 식용유를 발라 뜨겁게 달군 후 약한 불에서 구우면 들러붙지 않는다.
- 구워낸 섭산적은 완전히 식은 뒤에 썰어야 썬 단면이 깔끔하다.

시험시간
35분

지짐누름적

지짐누름적은 소고기, 표고, 당근, 도라지, 실파 등을 익혀 색을 맞춰 꼬챙이에 꽂은 다음 밀가루와 달걀물을 씌워 지져 눌러가며 익힌 음식으로 완성한 뒤에는 칼로 크기를 정리하지 않으며 그릇에 담을 때는 꼬치를 뺀다.

요구사항

주어진 재료를 사용하여 다음과 같이 지짐누름적을 만드시오.

가. 각 재료는 0.6cm×1cm×6cm로 하시오.

나. 누름적의 수량은 2개를 제출하고, 꼬치는 빼서 제출하시오.

지급재료 목록

재료명	규격	수량
소고기	살코기(길이 7cm)	50g
건표고버섯	지름 5cm 정도(물에 불린 것)	1개
당근	길이 7cm 정도(곧은 것)	50g
쪽파	중	2뿌리
통도라지	껍질 있는 것(길이 20cm 정도)	1개
밀가루	중력분	20g
달걀		1개
참기름		5mL
산적꼬치	길이 8~9cm 정도	2개
식용유		30mL
소금	정제염	5g
진간장		10mL
흰 설탕		5g
대파	흰 부분(4cm 정도)	1토막
마늘	중(깐 것)	1쪽
검은 후춧가루		2g
깨소금		5g

7대 양념(소고기＋표고)

간장 1큰술, 설탕 ½큰술, 다진 파 1작은술,
다진 마늘 ½작은술, 깨소금, 참기름, 후춧가루 적당량

만드는 방법

❶ 밑준비

- 소고기, 표고버섯은 0.4cm×1cm×7cm로 잘라 앞뒤로 두드려 간장양념한다.
- 실파는 6cm 길이로 잘라 참기름에 무쳐 놓는다.
- 통도라지와 당근은 0.5cm×1cm×6cm로 썰어 끓는 물에 소금을 넣고 데쳐 물기를 제거한 후 소금, 참기름으로 무쳐둔다.
- 뜨거운 팬에 기름을 두르고 도라지, 당근, 표고버섯, 소고기 순으로 각각 볶아낸다.

❷ 꼬치에 끼우기

- 산적꼬치에 준비한 재료를 색을 맞추어 끼운 후 위와 아래를 다듬어준다.
- 꼬치에 밀가루를 앞뒤로 고루 묻힌 후 달걀물을 씌워 팬에 기름을 두르고 지져낸다.

❸ 완성하기

- 식으면 산적꼬치를 빼낸 후 접시에 담아낸다.

Check point

구분	조리기술						작품평가		
항목	재료 손질	당근, 도라지 데쳐 볶기	고기 썰어 두드리기	꼬치 끼우기	적 익히기	맛을 보는 경우	맛	색	그릇 담기
중요도	★	★★	★★	★★	★★	☆	★	★	★

배점표

구분	위생상태				조리기술						작품평가			
항목	1	2	3	소계	1	2	3	4	5	6	7	8	9	소계
	위생복 착용 개인 위생	정리 정돈 청소	조리 순서 재료 기구 취급		재료 손질	파, 마늘 다지기	콩나물 손질 하기	소고기 썰어 양념 하기	밥 짓기	맛을 보는 경우	맛	색	그릇 담기	
배점	0 2 3	0 2 3	0 2 4	10	0 2 5	0 2 5	0 2 5	0 2 5	0 5 10	0 –2	0 3 6	0 2 5	0 2 4	45

꼭 알아두세요!

■ **재료의 특징**

- 굵기가 고른 실파를 선택하여 참기름에 버무렸다가 흰 뿌리와 푸른 부분 2~3개 정도를 함께 끼워 익혀야 다른 재료의 굵기와 알맞다.
- 산적용 고기는 자근자근 두들겨 칼집을 내야 반듯하며 줄어들지 않는다.
- 밀가루와 달걀물이 너무 많이 묻으면 각 재료의 화려한 색이 가려진다.
- 앞면은 밀가루와 달걀물을 살짝 묻혀 옷을 얇게 입히고 반대로 뒷면은 옷을 두껍게 입혀서 지져낸 후에 꼬치를 빼도 재료들이 서로 붙어 있게 한다.
- 색상을 살리기 위해 밑면을 먼저 지진 뒤에 뒤집어서 윗면을 살짝 익히기도 한다.
- 지짐누름적은 각 재료들을 꼬치에 꽂은 후 가장자리를 다듬고 밀가루, 달걀물을 입혀 지져낸 후에는 다듬지 않으며 식은 후에 꼬치를 빼야 흐트러지지 않는다.

화양적

화양적은 소고기, 오이, 당근, 표고, 도라지 등의 채소를 익혀서 색을 맞춰 꼬치에 꽂아 만든 화려하고 아름다운 적으로 음식의 웃기로도 쓰인다. 적은 크게 산적과 누름적, 지짐누름적으로 나눠지는데 산적은 익히지 않은 재료를 양념하여 꼬치에 꽂아 직접 불에 굽거나 기름에 지지는 요리이며, 누름적은 양념한 재료를 익혀서 꼬치에 꽂고, 지짐누름적은 누름적에 밀가루와 달걀물을 입혀서 지지는 음식이다.

요구사항

주어진 재료를 사용하여 다음과 같이 화양적을 만드시오.

가. 화양적은 0.6cm×6cm×6cm로 만드시오.

나. 달걀노른자로 지단을 만들어 사용하시오.
 (단, 달걀흰자 지단을 사용하는 경우 오작 처리)

다. 화양적은 2꼬치를 만들고 잣가루를 고명으로 얹으시오.

지급재료 목록

재료명	규격	수량
소고기	살코기(길이 7cm)	50g
건표고버섯	지름 5cm 정도(물에 불린 것)	1개
당근	길이 7cm 정도(곧은 것)	50g
오이	가늘고 곧은 것(20cm 정도)	½개
통도라지	껍질 있는 것(길이 20cm 정도)	1개
산적꼬치	길이 8~9cm 정도	2개
진간장		5mL
대파	흰 부분(4cm 정도)	1토막
마늘	중(깐 것)	1쪽
소금	정제염	5g
흰 설탕		5g
깨소금		5g
참기름		5mL
검은 후춧가루		2g
잣	깐 것	10개
A4용지		1장
달걀		2개
식용유		30mL

7대 양념(소고기+표고)
간장 ½큰술, 설탕 1작은술, 다진 파 ½작은술,
다진 마늘 ¼작은술, 깨소금, 참기름, 후춧가루 적당량

만드는 방법

❶ 밑준비

- 소고기, 버섯은 폭 1cm, 두께 0.5cm, 길이 7cm가 되게 썰어 앞뒤로 자근자근 두드려 7대 양념한다.
- 당근과 통도라지는 폭 1cm, 두께 0.6cm, 길이가 6cm 되게 썰어 소금물에 데쳐낸다.
- 오이는 6cm 길이로 썰어 3단 뜨기 하여 소금에 절인 다음 수분을 닦아낸다.
- 달걀은 노른자만 분리하여 길이 6cm, 두께 0.6cm, 폭 1cm가 되도록 부쳐낸다.
- 달궈진 팬에 기름을 두르고 도라지, 오이, 당근, 표고버섯, 고기 순으로 볶아낸다.
- 잣은 고깔을 떼고 종이를 깐 뒤 곱게 다져 잣가루를 만든다.

❷ 꼬치에 끼우기

- 산적꼬치에 재료를 색 맞추어 끼우고 꼬치 양쪽을 1cm 정도 남기고 자른다.

❸ 완성하기

- 그릇에 완성된 화양적을 담고 잣가루를 뿌려 낸다.

Check point

구분	조리기술						작품평가		
항목	재료 손질	재료 썰기	재료 볶기	잣 다지기	적 익히기	맛을 보는 경우	맛	색	그릇 담기
중요도	★	★★	★★	★★	★★	☆	★	★	★

배점표

구분	위생상태				조리기술									작품평가			
항목	1	2	3	소계	1	2	3	4	5	6	7	8	9	10	11	12	소계
	위생복 착용 개인 위생	정리 정돈 청소	조리 순서 재료 기구 취급		재료 손질	소고기 썰어 양념 하기	표고 썰어 양념 하기	도라지 준비 하기	당근, 오이 썰기	재료 볶기	잣 가루 만들기	꼬치 끼우 기	맛을 보는 경우	맛	색	그릇 담기	
배점	0 2 3	0 2 3	0 2 4	10	0 2	0 2 5	0 2 5	0 5	0 3	0 3	0 2	0 2 5	0 −2	0 3 6	0 2 5	0 2 4	45

꼭 알아두세요!

- 통도라지가 굵을 경우 반으로 갈라 다듬어 사용한다.
- 당근은 꼬치에 꽂을 때 잘 부러지므로 여유 있게 성형하도록 한다.
- 고기는 익으면서 많이 줄어들므로 여유 있게 자르고 칼집을 넣어주면 익을 때 덜 오그라든다.
- 당근이나 도라지는 볶는 과정을 거쳐야 하므로 너무 오래 데치지 않도록 한다.
- 꼬치에 식용유를 바른 후, 산적꼬치의 양끝이 1cm 정도 남도록 완성한다.

한식 숙채조리(칠절판, 탕평채, 잡채)

1) 숙채

우리나라는 시기와 절기에 맞추어 적합한 나물요리를 해먹는 대표적인 나라가 되었다. 역사적으로 볼 때 숭불사상으로 인한 육식의 금기가 상대적으로 나물류의 이용을 크게 증대시켰으며 조선 후기의 잦은 기근이 산과 들에 나는 많은 나물들을 식품으로 이용하는 데 큰 영향을 미쳤다.

나물은 생채와 숙채의 총칭이지만 대개 숙채를 말한다. 물에 데치거나 기름에 볶아 익혀서 만드는 채소 요리로 나물이라고도 한다. 숙채는 대부분의 채소를 재료로 쓰며 푸른 잎채소들은 끓는 물에 데쳐서 갖은양념으로 무치고, 고사리 · 고비 · 도라지는 삶아서 양념하여 볶는다. 말린 채소류는 불렸다가 삶아 볶는다. 나물의 재료로는 산과 들에서 나는 모든 채소와 버섯, 나무의 새순 등이 쓰이며, 겨울이나 이른 봄을 위해 나물을 말려두었다 사용하였는데 이것을 진채식(陳菜食)이라 하여 정월대보름에 절식으로 먹었다. 정월대보름에 말린 나물 즉 호박고지 · 박고지 · 가지오가리 · 말린 버섯 · 고사리 · 고비 · 시래기 · 무 · 취 등의 아홉 가지 묵은 나물을 먹으면 여름에 더위를 먹지 않는다는 이야기가 전해지고 있다.

또한 묵에 채소와 쇠고기 등을 넣어 무친 청포묵무침인 탕평채와, 여러 재료를 볶아서 섞은 잡채, 죽순채, 구절판 등도 숙채에 속한다.

깨소금 대신에 실백가루를 사용하기도 하며 빛깔을 깨끗이 하기 위해서는 간장 대신 소금을 사용해 무친다.

MEMO

시험시간
40분

칠절판

칠절판은 소고기, 오이, 당근, 석이버섯, 황 · 백지단의 여섯 가지 재료를 곱게 채썰어 볶아낸 후 색 맞춰 예쁘게 돌려 담고 가운데 밀전병을 놓아 싸서 먹는 음식이다. 맛이 담백하고 모양이 화려하여 교자상이나 주안상차림에 어울린다. 근래에는 밀전병 대신 무초절임을 이용한 칠절판이나 구절판도 손님상에 자주 오른다.

요구사항

주어진 재료를 사용하여 다음과 같이 칠절판을 만드시오.

가. 밀전병은 직경 8cm가 되도록 6개를 만드시오.

나. 채소와 황 · 백지단, 소고기는 0.2cm×0.2cm×5cm 정도로 써시오.

다. 석이버섯은 곱게 채를 써시오.

지급재료 목록

재료명	규격	수량
소고기	살코기	50g
오이	가늘고 곧은 것(20cm 정도)	½개
당근	길이 7cm 정도(곧은 것)	50g
달걀		1개
석이버섯	부서지지 않은 것(마른 것)	5g
밀가루	중력분	50g
진간장		20mL
마늘	중(깐 것)	2쪽
대파	흰 부분(4cm 정도)	1토막
검은 후춧가루		1g
참기름		10mL
흰 설탕		10g
깨소금		5g
식용유		30mL
소금	정제염	10g

7대 양념(소고기+두부)

간장 ½큰술, 설탕 1작은술, 다진 파 1작은술,
다진 마늘 ½작은술, 깨소금, 참기름, 후춧가루 적당량

밀전병

밀가루 5큰술, 물 5큰술, 소금 적당량

만드는 방법

❶ 밑준비

- 겨잣가루를 동량의 따뜻한 물로 개어서 발효시킨 후 겨자즙을 만든다.
- 소고기는 0.2cm×0.2cm×5cm 크기로 채썬 후 갖은양념을 한다.
- 오이는 5cm 길이로 돌려깎기하여 0.2cm×0.2cm로 채썰고, 당근도 채썬다.
- 황 · 백으로 분리하여 지단을 부쳐둔다.
- 밀가루에 물과 소금을 넣어 멍울이 없도록 풀어준 후 체에 내려둔다.
- 석이버섯은 돌돌 말아 곱게 채썰어 참기름, 소금으로 조미한다.

❷ 재료 볶기

- 팬에 기름을 두른 후 직경 6cm 크기로 밀전병을 부친다.
- 지단은 0.2cm×0.2cm×5cm로 곱게 채썬다.
- 오이, 당근, 석이버섯, 소고기 순서로 볶아낸다.

❸ 완성하기

- 접시에 볶아낸 재료들을 색스럽게 돌려 담은 후 중앙에 밀전병을 담고, 겨자즙을 곁들인다.

Check point

구분	조리기술						작품평가		
항목	재료 손질	재료 채썰기	석이버섯 채썰기	밀전병 부치기	지단 부치기	맛을 보는 경우	맛	색	그릇 담기
중요도	★	★★	★★	★★	★★	☆	★	★	★

배점표

구분	위생상태				조리기술								작품평가			
항목	1	2	3	소계	1	2	3	4	5	6	7	8	9	10	11	소계
	위생복 착용 개인 위생	정리 정돈 청소	조리 순서 재료 기구 취급		재료 손질	전병 부치기	고기 양념 볶기	석이 손질 볶기	오이 손질 볶기	당근 손질 볶기	지단 채썰기	맛을 보는 경우	맛	색	그릇 담기	
배점	0 2 3	0 2 3	0 2 4	10	0 2 5	0 2 5	0 2 5	0 3	0 3	0 2	0 2 5	0 −2	0 3 6	0 2 5	0 2 4	45

꼭 알아두세요!

■ **밀전병**

- 밀가루:물(1:1.5), 소금을 약간 섞어 체에 내려주면 반죽이 매끄러워 부치기 쉽다.
- 밀전병 반죽은 ½큰술 정도가 완성된 밀전병 1장 분량이다.
- 프라이팬에 기름을 적게 하여 약한 불에서 키친타월로 닦아내며 부친다.

시험시간
35분

탕평채

탕평채는 녹두녹말로 만든 청포묵에 소고기, 숙주, 미나리 등을 초간장으로 버무린 새콤달콤한 숙채음식이다. 김과 황 · 백지단을 고명으로 얹어낸다.

요구사항

주어진 재료를 사용하여 다음과 같이 탕평채를 만드시오.

가. 청포묵은 0.4cm×0.4cm×6cm로 썰어 데쳐서 사용하시오.

나. 모든 부재료의 길이는 4~5cm로 써시오.

다. 소고기, 미나리, 거두절미한 숙주는 각각 조리하여 청포묵과 함께 초간장으로 무쳐 담아내시오.

라. 황 · 백지단은 4cm 길이로 채썰고, 김은 구워 부숴서 고명으로 얹으시오.

지급재료 목록

재료명	규격	수량
청포묵	중(길이 6cm)	150g
소고기	살코기	20g
숙주	생 것	20g
미나리	줄기부분	10g
달걀		1개
김		¼장
진간장		20mL
마늘	중(깐 것)	2쪽
대파	흰 부분(4cm 정도)	1토막
검은 후춧가루		1g
참기름		5mL
흰 설탕		5g
깨소금		5g
식초		5mL
소금	정제염	5g
식용유		10mL

7대 양념(소고기)

간장 1작은술, 설탕 ½작은술, 다진 파 ½작은술,
다진 마늘 ¼작은술, 깨소금, 참기름, 후춧가루 적당량

초간장

간장 1큰술, 식초 1 큰술, 설탕 ½작은술

만드는 방법

❶ 밑준비

- 청포묵은 0.4cm×0.4cm×7cm의 굵기로 채썬 후 끓는 물에 데쳐 식힌 다음 소금, 참기름으로 양념한다.
- 숙주는 머리와 꼬리를 떼어내고, 미나리는 줄기만 다듬어 4cm 길이로 썰어 데쳐낸다.
- 소고기도 0.3cm×0.3cm×5cm로 채썬 후 갖은양념하여 볶아낸다.
- 달걀은 황 · 백으로 나누어 지단을 부친 뒤 4cm 길이로 채썰고, 김은 살짝 구워 부순다.
- 간장, 식초, 설탕을 넣고 잘 섞어 초간장을 만든다.

❷ 재료 무치기

- 청포묵, 숙주, 미나리, 볶은 소고기에 초간장을 넣어 버무려 놓는다.

❸ 완성하기

- 구운 김과 지단채를 고명으로 얹어 담아낸다.

Check point

구분	조리기술						작품평가		
항목	재료 손질	청포묵 데치기	미나리, 숙주 데치기	지단 부치기	초간장 무치기	맛을 보는 경우	맛	색	그릇 담기
중요도	★	★★	★★	★★	★★	☆	★	★	★

배점표

구분	위생상태				조리기술								작품평가			
항목	1	2	3	소계	1	2	3	4	5	6	7	8	9	10	11	소계
	위생복 착용 개인 위생	정리 정돈 청소	조리 순서 재료 기구 취급		재료 손질	숙주 나물 손질	청포묵 썰기	고기 양념	채소 데치기	지단 만들기	초 간장 무치기	맛을 보는 경우	맛	색	그릇 담기	
배점	0 2 3	0 2 3	0 2 4	10	0 3	0 2	0 2 5	0 2 5	0 2 5	0 2 5	0 2 5	0 −2	0 3 6	0 2 5	0 2 4	45

꼭 알아두세요!

■ **청포목 손질하기**

- 청포묵, 숙주, 미나리를 데쳐서 소금, 참기름, 양념으로 밑간해 두면, 초간장으로 무칠 때 물기가 덜 생기고 간도 잘 맞으며 색도 빨리 변하지 않는다.

시험시간
35분

잡채

잡채는 여러 가지 채소를 일정하게 썰어 소고기, 당면을 각각 재빨리 볶아 한데 섞어 황 · 백지단을 고명으로 얹은 화려한 음식으로 잔치에 빠지지 않는다. 여기서 「잡(雜)」은 '섞다, 모으다, 많다'의 의미이며 「채(菜)」는 '채소'의 의미로 여러 종류를 섞은 음식이란 뜻이다.

요구사항

주어진 재료를 사용하여 다음과 같이 잡채를 만드시오.

가. 소고기, 양파, 오이, 당근, 도라지, 표고버섯은 0.3cm×0.3cm×6cm 정도로 썰어 사용하시오.

나. 숙주는 데치고 목이버섯은 찢어서 사용하시오.

다. 당면은 삶아서 유장처리하여 볶으시오.

라. 황 · 백지단은 0.2cm×0.2cm×4cm로 썰어 고명으로 얹으시오.

지급재료 목록

재료명	규격	수량
당면		20g
소고기	살코기	30g
건표고버섯	지름 5cm 정도(물에 불린 것)	1개
건목이버섯	지름 5cm 정도(물에 불린 것)	2개
양파	중(150g 정도)	⅓개
오이	가늘고 곧은 것(20cm 정도)	⅓개
당근	길이 7cm 정도(곧은 것)	50g
통도라지	껍질 있는 것(길이 20cm 정도)	1개
숙주	생 것	20g
흰 설탕		10g
대파	흰 부분(4cm 정도)	1토막
마늘	중(깐 것)	2쪽
진간장		20mL
식용유		50mL
깨소금		5g
검은 후춧가루		1g
참기름		5mL
소금	정제염	15g
달걀		1개

7대 양념(소고기)

간장 1작은술, 설탕 ½작은술, 다진 파 ½작은술, 다진 마늘 ¼작은술, 깨소금, 참기름, 후춧가루 적당량

당면 양념장

간장 2작은술, 설탕 1작은술, 참기름 1작은술

만드는 방법

❶ 밑준비

- 오이는 6cm 길이로 돌려깎아 0.3cm×0.3cm×6cm로 채썰어 소금에 절였다가 물기를 꼭 짠다.
- 도라지는 오이와 같은 크기로 찢어 소금에 절여 주물러 씻은 뒤 물기를 꼭 짠다.
- 양파, 당근도 같은 크기로 채썰어 소금을 뿌려둔다. 숙주는 머리와 꼬리를 떼어내고 끓는 물에 데쳐낸 후 소금과 참기름으로 양념한다.
- 소고기와 표고버섯도 0.3cm×0.3cm×6cm로 채썰어 갖은양념하고, 목이버섯은 적당한 크기로 찢는다.
- 달걀은 황·백으로 나누어 소금을 조금 넣고 지단을 부쳐 0.2cm×0.2cm×6cm로 썬다.

❷ 재료 볶기

- 팬에 기름을 두르고 오이, 도라지, 양파, 당근, 목이버섯, 표고버섯, 소고기 순으로 볶는다.
- 당면은 삶아 찬물에 헹구어 건져 적당한 길이로 잘라 간장, 설탕, 참기름으로 볶는다.

❸ 완성하기

- 당면에 볶아둔 재료를 섞어 담고 고명으로 준비한 황·백지단채를 가지런히 얹어낸다.

Check point

구분	조리기술						작품평가		
항목	재료 손질	재료 썰기	숙주 거두절미	고기 썰어 양념	당면 삶아 볶기	맛을 보는 경우	맛	색	그릇 담기
중요도	★	★★	★★	★★	★★	☆	★	★	★

배점표

구분	위생상태				조리기술										작품평가			
항목	1	2	3	소계	1	2	3	4	5	6	7	8	9	10	11	12	13	소계
	위생복 착용 개인 위생	정리 정돈 청소	조리 순서 재료 기구 취급		재료 손질	오이 썰기	표고 버섯 썰기	목이 버섯 찢기	당면 삶기	고기, 버섯 채소 볶기	당면 유장 볶기	잡채 무치기	지단 만들기	맛을 보는 경우	맛	색	그릇 담기	
배점	0 2 3	0 2 3	0 2 4	10	0 3	0 2	0 3	0 2	0 2 4	0 3	0 2 4	0 3	0 2	0 –2	0 3 6	0 2 5	0 2 4	45

꼭 알아두세요!

■ **당면**

- 당면은 일반 국수보다 익는 시간이 더 오래 걸린다.
- 양념이 묻어나지 않는 순서(지단→도라지→양파→오이→당근→목이→표고→소고기→당면)로 볶는다.

한식 생채조리
(재료 썰기, 무생채, 도라지생채, 더덕생채, 겨자채)

1) 생채

생채는 상고시대에 유목민들이 허기진 배를 채우기 위해 생식하던 자연식품이 농경시대로 접어들면서 부식 역할을 하게 되었다. 생으로 먹거나 굵은소금에 찍어 먹던 시대가 변하면서 다양한 조리법을 이용한 갖은양념을 사용하게 되었다. 생채는 계절마다 새로 나오는 싱싱한 채소를 익히지 않고 초장 · 초고추장 · 겨자장 등으로 무쳐 달고 새콤하고 산뜻한 맛이 나도록 조리한 것이다. 무, 배추, 상추, 오이, 미나리, 더덕, 산나물 등 날로 먹을 수 있는 모든 채소와 해파리, 미역, 파래, 톳 등의 해초류나 오징어, 조개, 새우 등을 데쳐 넣기도 한다. 각종 생채 외에 겨자채, 잣즙냉채, 호두냉채 등이 있다.

『증보산림경제』에 보면 특히 갓류 · 넘나물[黃花菜] · 두릅 · 구기의 어린 순 · 죽순 · 감국화 같은 향신채(香辛菜)가 많이 쓰였음을 알 수 있으며, 『향약구급방』에는 고려시대의 토착어로 '부루', 한자로는 '와거'라고 불렀던 상추가 생채음식으로 만들어졌다는 기록이 있다. 조선왕조의 궁중에서는 강한 향신료를 쓰지 않고 간장으로 담백한 맛을 내었다.

MEMO

재료 썰기

기본 썰기와 칼질, 지단 부치는 기술을 요하는 품목으로 정확하게 작업하는 것이 가장 중요하다. 가능한 버리는 부분 없이 모두 제출하는 것이 좋다.

요구사항

주어진 재료를 사용하여 다음과 같이 재료 썰기를 만드시오.

가. 무, 오이, 당근, 달걀지단을 썰기하여 전량 제출하시오.

나. 무는 채썰기, 오이는 돌려깎기하여 채썰기, 당근은 골패썰기를 하시오.

다. 달걀은 흰자와 노른자를 분리하여 알끈과 거품을 제거하고 지단을 부쳐 완자(마름모꼴)모양으로 각 10개를 썰고, 나머지는 채썰기를 하시오.

라. 재료 썰기의 크기는 다음과 같이 하시오.

1) 채썰기 – 0.2cm×0.2cm×5cm

2) 골패썰기 – 0.2cm×1.5cm×5cm

3) 마름모형 썰기 – 한 면의 길이가 1.5cm

지급재료 목록

재료명	규격	수량
무		100g
오이	길이 25cm 정도	½개
당근	길이 6cm 정도	1토막
달걀		3개
식용유		20mL
소금		10g

만드는 방법

❶ 밑준비

- 무, 오이, 당근은 깨끗이 씻어 놓는다.
- 달걀은 황백으로 분리하여 알끈과 거품을 제거한다.

❷ 재료 썰기

- 무는 0.2cm×0.2cm×5cm로 채썬다.
- 오이는 돌려깎은 후 0.2cm×0.2cm×5cm로 채썬다.
- 당근은 0.2cm×1.5cm×5cm의 골패모양으로 썬다.
- 황 · 백지단은 0.2cm×0.2cm×5cm로 채썬다. 다른 지단은 한 면의 길이가 1.5cm가 되도록 마름모썰기를 10개 한다.

❸ 완성하기

- 접시에 모양있게 담아낸다.

Check point

구분	조리기술						작품평가		
항목	재료 손질	무, 오이 채썰기	당근 골패썰기	달걀 마름모, 채	모양 있게 담기	맛을 보는 경우	맛	색	그릇 담기
중요도	★	★★	★★	★★	★★	☆	★	★	★

배점표

구분	위생상태				조리기술							작품평가			
항목	1	2	3	소계	1	2	3	4	5	6	7	8	9	10	소계
	위생복 착용 개인 위생	정리 정돈 청소	조리 순서 재료 기구 취급		재료 손질	무 썰기	오이 썰기	당근 썰기	지단 부치기	지단 썰기	맛을 보는 경우	맛	색	그릇 담기	
배점	0 2 3	0 2 3	0 2 4	10	0 3	0 2 5	0 2 5	0 2 5	0 3 6	0 3 6	0 –2	0 3 6	0 2 5	0 2 4	45

꼭 알아두세요!

■ **재료썰기**

- 재료의 전량을 썰어 제출한다.
- 각 재료의 요구사항대로 주의하여 썰기한다.

시험시간
15분

무생채

무생채는 무의 결을 꺾지 말고 결 방향으로 채썰어 고춧가루로 물들인 후 새콤달콤하게 무쳐내는 생채 음식이다. 미리 무치면 물기가 생기므로 내기 직전에 무치는 것이 좋다.

요구사항

주어진 재료를 사용하여 다음과 같이 무생채를 만드시오.

가. 무는 0.2cm×0.2cm×6cm 정도 크기로 썰어 사용하시오.

나. 생채는 고춧가루를 사용하시오.

다. 무생채는 70g 이상 제출하시오.

지급재료 목록

재료명	규격	수량
무		100g
소금	정제염	5g
고춧가루		10g
흰 설탕		10g
식초		5mL
대파	흰 부분(4cm 정도)	1토막
마늘	중(깐 것)	1쪽
깨소금		5g
생강		1. 5g

양념장

고춧가루 1작은술, 소금 1작은술, 설탕 2작은술, 식초 1큰술, 다진 파 1작은술, 다진 마늘 ½작은술, 다진 생강 ¼작은술, 깨소금 적당량

만드는 방법

❶ 밑준비

- 무는 길이 6cm, 두께와 폭은 0.2cm로 일정하게 채썬다.
- 무에 고운 고춧가루로 붉게 물들인다.
- 파, 마늘, 생강은 곱게 다지고, 양념장을 만든다.

❷ 재료 무치기

- 고운 고춧가루로 물들인 무에 양념장을 넣어 버무린다.

❸ 완성하기

- 접시에 보기 좋게 담아낸다.

Check point

구분	조리기술						작품평가		
항목	재료 손질	무 채썰기	고춧가루 물들이기	파, 마늘 다지기	양념하기	맛을 보는 경우	맛	색	그릇 담기
중요도	★	★★	★★	★★	★★	☆	★	★	★

배점표

구분	위생상태				조리기술							작품평가			
항목	1	2	3	소계	1	2	3	4	5	6	7	8	9	10	소계
	위생복 착용 개인 위생	정리 정돈 청소	조리 순서 재료 기구 취급		재료 손질	파, 마늘, 생강 다지기	무 썰기	고춧 가루 물들 이기	양념장 만들기	양념 버무 리기	맛을 보는 경우	맛	색	그릇 담기	
배점	0 2 3	0 2 3	0 2 4	10	0 3	0 2	0 5 10	0 2 5	0 2 5	0 2 5	0 –2	0 3 6	0 2 5	0 2 4	45

꼭 알아두세요!

■ 무

- 무생채는 결 방향으로 채를 균일하게 썰어야 무쳐 놓았을 때 색이 곱고 보기 좋다.
- 무에 물을 들일 때는 고운 고춧가루로 해야 한다. 굵은 고춧가루밖에 없다면 칼로 곱게 다져 고운체에 내려 사용한다.
- 무생채를 비롯한 생채류가 출제될 경우 내기 직전에 버무려야 물기가 생기지 않는다.

시험시간
15분

도라지생채

도라지생채는 통도라지를 소금물에 담가 쓴맛을 우려내고 가늘게 채썰어 고추장, 고춧가루를 넣어 새콤달콤하게 무쳐 먹는 생채이다. 도라지는 '길경(桔梗)'이라고도 한다.

요구사항

주어진 재료를 사용하여 다음과 같이 도라지생채를 만드시오.

가. 도라지는 0.3cm×0.3cm×6cm로 써시오.

나. 생채는 고추장과 고춧가루 양념으로 무쳐 제출하시오.

지급재료 목록

재료명	규격	수량
통도라지	껍질 있는 것	3개
소금	정제염	5g
고추장		20g
흰 설탕		10g
식초		15mL
대파	흰 부분(4cm 정도)	1토막
마늘	중(깐 것)	1쪽
깨소금		5g
고춧가루		10g

양념장

고춧가루 1작은술, 고추장 ½작은술, 소금 ½작은술,
식초 2작은술, 설탕 1작은술, 다진 파 1작은술,
다진 마늘 ½작은술, 깨소금 ½작은술

만드는 방법

❶ 밑준비

- 통도라지는 길이 6cm, 두께 0.3cm의 편으로 썰고 0.3cm 폭으로 가늘게 썰어 절인다.
- 절인 도라지는 소금물에 담근 다음 주물러 씻어서 쓴맛을 없애고 면포로 물기를 꼭 짠다.
- 파, 마늘은 곱게 다져 고추장, 고춧가루, 소금, 설탕, 식초, 깨소금과 섞어 양념장을 만든다.

❷ 도라지 무치기

- 도라지생채는 내기 직전에 양념장을 조금씩 넣어가며 색이 배도록 고루 무쳐낸다.

❸ 완성하기

- 물기 없이 접시에 깔끔하게 담아낸다.

Check point

구분	조리기술						작품평가		
항목	재료 손질	도라지 채썰기	파, 마늘 곱게 다지기	초고추장 양념	무치기	맛을 보는 경우	맛	색	그릇 담기
중요도	★	★★	★★	★★	★★	☆	★	★	★

배점표

구분	위생상태				조리기술							작품평가			
항목	1	2	3	소계	1	2	3	4	5	6	7	8	9	10	소계
	위생복 착용 개인 위생	정리 정돈 청소	조리 순서 재료 기구 취급		재료 손질	파, 마늘 다지기	도라지 썰기	쓴맛 제거 하기	양념장 만들기	양념 버무 리기	맛을 보는 경우	맛	색	그릇 담기	
배점	0 2 3	0 2 3	0 2 4	10	0 3	0 2	0 5 10	0 2 5	0 2 5	0 2 5	0 –2	0 3 6	0 2 5	0 2 4	45

꼭 알아두세요!

■ **도라지**

- 도라지는 칼로 일정하게 채썰어 소금물에 담근다.
- 물이 생기지 않게 내기 직전에 버무린다.
- 양념장은 한번에 하지 말고 색을 보면서 조정한다.

시험시간
20분

더덕생채

더덕생채는 더덕을 소금물에 담가 쓴맛을 우려낸 후 물기를 없애고 방망이로 두들겨, 가늘고 길게 찢어 고추장, 고춧가루, 식초, 설탕을 넣어 새콤달콤하게 무치는 생채 음식이다.

요구사항

주어진 재료를 사용하여 다음과 같이 더덕생채를 만드시오.

가. 더덕은 5cm로 썰어 두들겨 편 후 찢어서 쓴맛을 제거하여 사용하시오.

나. 고춧가루로 양념하고, 전량 제출하시오.

지급재료 목록

재료명	규격	수량
통더덕	껍질 있는 것, (길이 10~15cm 정도)	2개
마늘	중(깐 것)	1쪽
흰 설탕		5g
식초		5mL
대파	흰 부분(4cm 정도)	1토막
소금	정제염	5g
깨소금		5g
고춧가루		20g

양념장

고추장 1큰술, 고춧가루 1작은술, 식초 2작은술, 설탕 1작은술, 소금 ⅛작은술, 다진 파 1작은술, 다진 마늘 ½작은술, 깨소금 ½작은술

만드는 방법

❶ 밑준비

- 더덕은 길이로 반을 갈라 소금물에 담근 후 방망이로 두들겨 가늘고 길게 찢는다.
- 파, 마늘은 곱게 다지고 고춧가루, 고추장, 식초, 설탕, 깨소금을 넣어 양념장을 만든다.
- 더덕에 양념장을 넣어 고루 무친다.

❷ 더덕 무치기

- 더덕을 가볍게 무쳐서 부풀린다.

❸ 완성하기

- 물기 없이 접시에 깔끔하게 담아낸다.

Check point

구분	조리기술						작품평가		
항목	재료 손질	더덕 소금물	더덕 찢기	고춧가루 양념	무치기	맛을 보는 경우	맛	색	그릇 담기
중요도	★	★★	★★	★★	★★	☆	★	★	★

배점표

구분	위생상태				조리기술							작품평가			
항목	1	2	3	소계	1	2	3	4	5	6	7	8	9	10	소계
	위생복 착용 개인 위생	정리 정돈 청소	조리 순서 재료 기구 취급		재료 손질	파, 마늘 다지기	더덕 손질 하기	더덕 찢기	양념장 만들기	양념 버무 리기	맛을 보는 경우	맛	색	그릇 담기	
배점	0 2 3	0 2 3	0 2 4	10	0 3	0 2	0 5 10	0 2 5	0 2 5	0 2 5	0 −2	0 3 6	0 2 5	0 2 4	45

꼭 알아두세요!

■ **더덕 손질**

- 더덕은 껍질을 벗겨 길이로 등분한 후 소금물에 담가 물기를 제거한 후 방망이로 밀어 자근자근 두들겨야 부서지지 않는다.
- 다른 양념을 넣기 전에 고운 고춧가루로 먼저 색을 내면 빛깔이 곱다.

시험시간
35분

겨자채

겨자채는 여러 가지 채소와 편육, 배, 밤, 황 · 백지단을 함께 섞어 겨자즙에 무쳐 먹는 냉채 음식으로 겨자의 톡 쏘는 매운맛은 여름철에 식욕을 돋우어준다. 겨잣가루는 매운맛이 강한 대신에 약간의 쓴맛이 있고, 연겨자는 매운맛이 약한 대신에 쓴맛이 없는 특징이 있다.

요구사항

주어진 재료를 사용하여 다음과 같이 겨자채를 만드시오.

가. 채소, 편육, 황 · 백지단, 배는 0.3cm×1cm×4cm로 써시오.

나. 밤은 모양대로 납작하게 써시오.

다. 겨자는 발효시켜 매운맛이 나도록 하여 간을 맞춘 후 재료를 무쳐서 담고, 잣은 고명으로 올리시오.

지급재료 목록

재료명	규격	수량
양배추		50g
오이	가늘고 곧은 것(20cm 정도)	⅓개
당근	길이 7cm 정도(곧은 것)	50g
소고기	살코기	50g
밤	중(생 것, 껍질 깐 것)	2개
달걀		1개
배	중(길이로 등분)	⅛개
흰 설탕		20g
잣	깐 것	5개
소금	정제염	5g
식초		10mL
진간장		5mL
겨잣가루		6g
식용유		10mL

겨자즙

겨자 1큰술(발효한 것), 물 1작은술, 소금 ½작은술,
식초 1큰술, 설탕 2작은술, 간장 ½작은술

만드는 방법

❶ 밑준비

- 소고기는 덩어리째 끓는 물에 삶아 편육을 만들어 1cm×0.3cm×4cm의 골패모양으로 썬다.
- 겨자는 따뜻한 물로 되직하게 갠 후 편육용 냄비뚜껑 위에 엎어서 10여 분간 두어 발효시킨 뒤 식초, 설탕, 소금, 간장, 물을 넣어 겨자즙을 만든다.
- 양배추, 오이, 당근은 1cm×0.3cm×4cm의 골패모양으로 썰어 찬물에 담가 체에 건져 물기를 뺀다.
- 밤, 배는 껍질을 벗겨 0.3cm 두께로 납작하게 썰어 설탕물에 담가둔다.
- 달걀은 황·백으로 나눠 고명용 지단보다 도톰하게 부쳐 채소와 같은 골패형으로 썬다.
- 잣은 고깔을 떼어 비늘잣을 만든다.

❷ 겨자채 무치기

- 채소의 물기를 면포로 닦고 편육과 겨자즙을 넣어 버무린다.

❸ 완성하기

- 고명으로 황·백지단과 비늘잣을 올려 접시에 담아낸다.

Check point

구분	조리기술						작품평가		
항목	재료 손질	채소 썰기	고기 삶기	겨자즙 만들기	지단 부치기	맛을 보는 경우	맛	색	그릇 담기
중요도	★	★★	★★	★★	★★	☆	★	★	★

배점표

구분	위생상태				조리기술									작품평가			
항목	1	2	3	소계	1	2	3	4	5	6	7	8	9	10	11	12	소계
	위생복 착용 개인 위생	정리 정돈 청소	조리 순서 재료 기구 취급		재료 손질	고기 삶아 썰기	겨자 즙 만들기	채소 썰기	배, 밤 썰기	지단 부치기	비늘 잣 만들기	겨자 즙 버무 리기	맛을 보는 경우	맛	색	그릇 담기	
배점	0 2 3	0 2 3	0 2 4	10	0 3	0 2 5	0 2 5	0 2 5	0 3	0 2	0 2	0 2 5	0 −2	0 3 6	0 2 5	0 2 4	45

꼭 알아두세요!

■ **재료 준비**

- 채소는 썰어서 찬물에 담갔다가 무치기 바로 전에 꺼내서 무치면 싱싱하다.
- 배와 밤은 설탕물에 담그면 갈변현상을 막을 수 있다.
- 지단과 배는 버무릴 때 잘 부서지므로 주의한다.

한식 회조리(미나리강회, 육회)

1) 회 · 숙회

신선한 육류, 어패류를 날로 먹는 음식을 회라 하며 육회 · 갑회 · 생선회 등이 있다. 어패류 · 채소 등을 익혀서 초간장 · 초고추장 · 겨자장 등에 찍어 먹는 음식을 숙회(熟膾)라 하며 어채 · 오징어숙회 · 강회 · 두릅회 · 송이회 등이 있다. 고려시대에는 불교의 이상세계를 염원하였으므로 살생을 함부로 하지 않는 종교적 영향으로 회를 즐기지 않았다. 그러나 조선시대에는 유교의 성리학을 정치이념으로 삼았으며 아무런 저항감 없이 자연스럽게 육회나 생선회를 즐겼을 것이라 한다.

강회(康膾)란 숙회의 하나로 미나리나 파 등의 채소를 소금물에 데쳐서 상투 모양으로 잡아 초고추장에 찍어 먹는 것으로, 민간에서는 상투꼴로 감고, 궁중에서는 족두리꼴로 감았다. 술안주로 애용되었으며, 실파강회, 미나리강회, 주꾸미강회, 낙지강회 등이 있다.

흰살생선을 끓는 물에 살짝 익혀내는 숙회(熟膾)로 『규합총서(閨閤叢書)』·『시의전서(是議全書)』 등의 조리서에는 "각종 생선을 회처럼 썰어 녹말을 묻히고, 고기 내장 · 대하 · 전복 · 각종 채소도 채쳐서 한 가지씩 삶아내어 보기 좋게 담는다."라고 어채에 대하여 기록하고 있다.

육회(肉膾)용으로는 대접살이나 우둔육이 적당하며 신선한 것으로 결 반대로 채썰어 질기지 않도록 한다.

MEMO

시험시간
35분

미나리강회

강회는 숙회의 일종으로 미나리강회는 미나리를 데쳐 편육과 홍고추, 지단을 한데 묶어 초고추장에 찍어 먹는 음식이다. 손이 많이 가는 단점이 있지만 그 모양이 화려하고 정갈한 맛이 있어 주안상이나 교자상에 주로 올린다.

요구사항

주어진 재료를 사용하여 다음과 같이 미나리강회를 만드시오.

가. 강회의 폭은 1.5cm, 길이는 5cm 정도로 하시오.

나. 붉은 고추의 폭은 0.5cm, 길이는 4cm 정도로 하시오.

다. 강회는 8개 만들어 초고추장과 함께 제출하시오.

지급재료 목록

재료명	규격	수량
소고기	살코기(길이 7cm)	80g
미나리	줄기 부분	30g
홍고추(생)		1개
달걀		2개
고추장		15g
식초		5mL
흰 설탕		5g
소금	정제염	5g
식용유		10mL

초고추장
고추장 1큰술, 식초 1큰술, 설탕 ½큰술, 물 ½큰술

만드는 방법

❶ 밑준비

- 소고기는 편육을 만들고 식혀 폭 1cm×0.3cm×4cm로 썬다.
- 미나리는 줄기만 다듬어 끓는 물에 소금을 넣고 데쳐서 찬물에 헹궈 물기를 꼭 짠다.
- 붉은 고추는 반으로 갈라 씨를 빼고 폭 0.3cm×3cm로 썬다.
- 달걀은 황 · 백으로 도톰하게 지단을 부쳐 1cm×0.3cm×4cm로 썬다.
- 고추장에 식초, 설탕, 물을 넣고 잘 섞어 초고추장을 만들어 곁들여 낸다.

❷ 미나리강회 말기

- 편육, 백지단, 황지단, 붉은 고추 순으로 가지런히 얹고 미나리로 전체 길이의 ⅓ 정도를 돌려 말아준다.

❸ 완성하기

- 완성 접시에 미나리강회 8개를 담고 초고추장을 곁들여 낸다.

Check point

구분	조리기술						작품평가		
항목	재료 손질	미나리 데치기	고기 삶기	지단 부치기	초고추장 만들기	맛을 보는 경우	맛	색	그릇 담기
중요도	★	★★	★★	★★	★★	☆	★	★	★

배점표

구분	위생상태				조리기술								작품평가			
항목	1	2	3	소계	1	2	3	4	5	6	7	8	9	10	11	소계
	위생복 착용 개인 위생	정리 정돈 청소	조리 순서 재료 기구 취급		재료 손질	미나리 데치기	고기 삶아 썰기	지단 만들기	고추 썰기	미나리 말기	초고추장 만들기	맛을 보는 경우	맛	색	그릇 담기	
배점	0 2 3	0 2 3	0 2 4	10	0 3	0 2 4	0 4	0 2 5	0 2	0 6 10	0 2	0 –2	0 3 6	0 2 5	0 2 4	45

꼭 알아두세요!

■ **편육**

- 편육이 안 익은 경우 실격 처리되므로 반드시 익혀야 하며 젓가락으로 찔러보았을 때 핏물이 나오지 않으면 된다. 삶은 후 면포로 꼭꼭 감싸서 식힌 뒤에 썰어야 부서지지 않는다.
- 홍고추에 물기가 있으면 지단에 붉게 물들므로 물기를 제거한다.
- 미나리 줄기가 굵을 때는 반으로 갈라 사용한다.

시험시간
20분

육회

육회는 기름기 없는 우둔이나 홍두깨를 결 반대 방향으로 얇게 저민 후 가늘고 곱게 채썰어 양념장에 버무려 채썬 배와 편썰기한 마늘을 곁들여서 잣가루를 뿌려 바로 먹는 음식이다. 간장 대신 소금으로 간을 하고 설탕을 넣으면 빛깔이 고우나, 마늘을 많이 넣으면 색이 어두워지므로 주의한다.

요구사항

주어진 재료를 사용하여 다음과 같이 육회를 만드시오.

가. 소고기는 0.3cm×0.3cm×6cm로 썰어 소금양념으로 하시오.

나. 마늘은 편으로 썰어 장식하고 잣가루를 고명으로 얹으시오.

다. 70g 이상의 완성된 육회를 제출하시오.

지급재료 목록

재료명	규격	수량
소고기	살코기	90g
배	중	¼개
잣	깐 것	5개
소금	정제염	5g
마늘	중(깐 것)	3쪽
대파	흰 부분(4cm 정도)	2토막
검은 후춧가루		2g
참기름		10mL
흰 설탕		30g
깨소금		5g

6대 양념(소고기)

소금 ½작은술, 설탕 1큰술, 다진 파 1작은술,
깨소금 ½작은술, 참기름 1작은술, 후춧가루 적당량

만드는 방법

❶ 밑준비

- 소고기는 기름기가 없는 신선한 살코기로 결 반대 방향으로 0.3cm×0.3cm로 가늘게 채썬다.
- 배는 껍질을 벗겨 0.3cm×0.3cm×4cm 길이로 채썰어 갈변되지 않게 설탕물에 담근다.
- 잣은 고깔을 떼어 종이 위에 올려 곱게 다진다.
- 마늘의 일부는 편으로 얇게 썰고, 나머지는 파와 함께 곱게 다져 양념장을 만든다.
- 소고기에 양념장을 넣어 고루 무친다.

❷ 접시 담기

- 접시 가장자리에 배채를 가지런히 돌려 담고 가운데 양념한 육회를 올려놓고 편으로 썬 마늘을 육회 둘레에 돌려 담는다.

❸ 완성하기

- 완성된 육회에 잣가루를 뿌려 담아낸다.

Check point

구분	조리기술						작품평가		
항목	재료 손질	배 썰어 설탕물	마늘 편썰기	고기 채썰기	잣가루 만들기	맛을 보는 경우	맛	색	그릇 담기
중요도	★	★★	★★	★★	★★	☆	★	★	★

배점표

구분	위생상태				조리기술							작품평가			
항목	1	2	3	소계	1	2	3	4	5	6	7	8	9	10	소계
	위생복 착용 개인 위생	정리 정돈 청소	조리 순서 재료 기구 취급		재료 손질	마늘 편 썰기	배 썰기	소고기 썰기	양념 버무리기	잣가루 만들기	맛을 보는 경우	맛	색	그릇 담기	
배점	0 2 3	0 2 3	0 2 4	10	0 3	0 2 5	0 2 5	0 5 10	0 2 5	0 2	0 −2	0 3 6	0 2 5	0 2 4	45

꼭 알아두세요!

■ **육회**

- 소고기를 설탕에 버무리면 핏물도 덜 빠지고 고기색도 변하지 않아 붉은색을 유지할 수 있다.
- 핏물이 많을 때는 핏물을 꼭 짜 배에 핏물이 스미는 것에 유의하며 제출 직전에 양념하도록 한다.
- 배는 채썰어 설탕물에 담갔다가 사용해야 색이 변하지 않는다.

쉽게
따라하는
우리음식

제4부

한식조리기능사 수검안내

제1장 한식조리기능사 자격증 취득과정

제2장 조리 기능장, 산업기사, 기능사 수검절차 안내

한식조리기능사 자격증 취득과정

한식조리기능사 시험은 한국산업인력공단에서 주관하며 국가에서 인정해 주는 국가 자격증이다. 한식조리기능사 시험은 정규시험과 상시시험으로 나뉜다. 정규시험은 연 4회이고, 복어조리기능사와 조주기능사만 시행되므로, 연중 시험이 시행되는 상시시험을 접수하도록 한다. 기초적인 메뉴로 시험이 재편성되었으니 한식조리기능사 자격증을 취득해 보기 바란다.

1. 필기시험

1) 필기시험 접수

① 접수기간 내에 인터넷을 이용 원서접수(큐넷, www. http://q-net.or.kr)

- 비회원인 경우 우선 회원 가입(사진등록 필수)
- 지역에 상관없이 원하는 시험장 선택 가능(선착순)
- 접수당일부터 시험시행일지 수험표 출력 가능
- 큐넷에 접속하여 접수상태(접수완료, 수험표 출력, 미결제)를 클릭하면 접수상태에 따라 다음 단계화면으로 이동

② 원서접수 시간 : 회별 원서접수 첫날 10:00부터 마지막 날 18:00까지(금~월요일)

- 접수완료, 수험표 출력 : 수험표 출력화면으로 이동
- 미결제 : 원서접수내용 확인 화면으로 이동
- 입금 대기 중 : 가상계좌번호 조회

2) 가상계좌 채번 및 수수료 입금기한

가상계좌 채번 및 수수료 입금기한(정기, 상시 공통)

- 인터넷 접수기간 중 가상계좌 번호를 부여받은 후 아래 기한까지 인터넷 수험원서 접수 수수료를 입금하지 않으면 수험원서 제출이 자동 취소됩니다.
- 가상계좌 입금 시 수험자의 주거래 은행 신용도 및 창구이용 입금, 자동화기기 이용 입금 시 각각 은행별로 정해진 입금 수수료가 부과될 수 있습니다.

구분	접수당일 12:59:59초까지 접수	접수당일 13:00 접수
원서접수 마감일 전일	접수당일 14시까지 입금완료	익일 14시까지 입금완료
원수접수 마감일	접수당일 14시까지 입금 완료	사용불가

3) 가상계좌번호 채번 가능 기한

- 정기검정 : 원서접수 마감당일 18:00시까지
- 상시검정 : 원서접수 마감전일 18:00시까지

4) 인터넷 접수 취소/환불 기간

① 국가기술자격검정 – 100% 전액환불 : 원서접수기간(마감일 23:59:59까지)
50% 부분환불 : 접수마감 다음날~회별 시험시작일 5일 전까지(필/실기)

② 자격검정 원서접수 취소 시 환불 적용기간 안내 – 필기/실기 시험 : 회별 시험시작일로부터 5일 전까지

적용기간	접수기간 중	접수기간 후	회별 시험시작 4일 전				회별 시험시작일
			4일	3일	2일	1일	
환불적용률	접수 취소 시 환불 : 100%	접수 취소 시 환불 : 50%	환불취소 불가				

5) 필기 수험사항 통보

필기시험 접수를 하면 바로 수검 날짜, 시간, 장소가 통보된다.

6) 필기시험 준비물

수검표, 신분증, 컴퓨터용 사인펜, 계산기를 지참하여 지정된 장소에서 시험을 본다.(1시간 배정, 객관식 문제 60문항이 출제. 이 중 100점 만점에서 60점 이상 합격)

7) 필기시험 시 주의사항

① 입실시간 미준수 시 시험응시 불가(시험장은 1부 입실시간 30분 전부터 입장 가능)
② 수험표, 신분증 미지참자 당해시험 정지(퇴실) 및 무효처리
③ 소지품 정리시간 이후 소지 불가 전자 · 통신기기 소지 · 착용 시는 당해시험 정지(퇴실) 및 무효처리
④ 공학용 계산기는 허용된 기종의 계산기만 사용가능
⑤ 주관식 답안 작성 시 검정색 필기구만 사용가능(연필, 유색 필기구 등 사용불가)

【사용가능 공학용 계산기 기종 허용군】

연번	제조사	허용기종군	비고
1	카시오(CASIO)	FX-901~999	*허용군 내 기종번호 말미의 영어 표기(ES, MS,EX) 등은 무관하나 SD라고 표기된 경우 외장메모리가 사용가능하므로 사용 불가
2	카시오(CASIO)	FX-501~599	
3	카시오(CASIO)	FX-301~399	
4	카시오(CASIO)	FX-80~120	
5	샤프(SHARP)	EL-501~599	
6	샤프(SHARP)	EL-5100, EL-5230, EL-5250, EL-5500	
7	유니원(UNIONE)	UC-600E, UC-400M	

8) 원서접수 시 유의사항

① 접수가능 사진 범위 변경사항

구분	내용
접수가능 사진	6개월 이내 촬영한 (3×4cm) 컬러사진, 상반신 정면, 탈모, 무 배경
접수 불가능 사진	스냅 사진, 선글라스, 스티커 사진, 측면 사진, 모자착용, 혼란한 배경사진, 기타 신분 확인이 불가한 사진 ※ Q-net 사진등록, 원서접수 사진 등록 시 등 상기에 명시된 접수 불가 사진은 컴퓨터 자동인식 프로그램에 의해서 접수가 거부될 수 있습니다.
본인사진이 아닐 경우 조치	연예인 사진, 캐릭터 사진 등 본인사진이 아니고, 신분증 미지참 시 시험응시 불가(퇴실)조치 ※ 본인사진이 아닌 신분증 지참자는 사진 변경등록 각서 징구 후 시험 응시
수험자 조치사항	필기시험 사진 상이자는 신분 확인 시까지 실기원서접수가 불가하므로 원서접수 지부(사)로 본인이 신분증, 사진을 지참 후 확인받으시기 바랍니다.

② 신분증 인정범위

신분증 인정범위(모든 수험자 적용)
① 주민등록증(주민등록증발급신청확인서 포함), ② 운전면허증(경찰청에서 발행된 것), ③ 여권(기간이 만료되기 전의 것), ④ 재외동포거소증, ⑤ 공무원증(장교 · 부사관 · 군무원 신분증 포함), 장애인복지카드, ⑥ 학생증(사진 및 주민등록번호가 게재된 경우만 허용), ⑦ 외국인등록증(외국인에 한함) ※ 시험에 응시하는 수험자 혹은 자격증을 내방하여 발급받는 자는 위에서 정하는 신분증 중 1개를 반드시 지참하여야 하며, 신분 미확인 등에 따른 불이익은 수험자 책임입니다. ※ 상기 신분증은 유효기간 이내의 것만 가능하며, 위에서 정하는 신분증 외에는 인정하지 않습니다. ※ 상기 신분증은 사진, 생년월일, 성명, 발급자(직인 등)가 모두 기재된 경우에 한하여 인정합니다. ※ 대학 학생증, 사원증, 국가기술자격증 이외의 자격증(민간자격증 등), 신용카드 등은 신분증으로 인정되지 않습니다.

9) 필기시험 합격자 발표

필기시험(CBT)은 시험종료 즉시 합격 여부가 확인 가능하므로, 별도의 ARS 자동응답 전화를 통한 합격자 발표 미운영

10) 필기시험의 시행

필기시험은 24개 전 소속기관에서 시행하며, 접수인원을 고려하여 일부 조정될 수 있음

① 시험시간(부)

시행구분	수험자교육(입실시간)	시험시간	비 고
1부	08:40~09:00 (08:40)	09:00~10:00	
2부	10:10~10:30 (10:10)	10:30~11:30	
3부	12:10~12:30 (12:10)	12:30~13:30	
4부	13:40~14:00 (13:40)	14:00~15:00	
5부	15:10~15:30 (15:10)	15:30~16:30	
6부	16:40~17:00 (16:40)	17:00~18:00	
7부	18:10~18:30 (18:10)	18:30~19:30	목요일만 시행
8부	19:40~20:00 (19:40)	20:00~21:00	목요일만 시행

② 24개 필기관할 구역안내

관할기관	소재지	관할구역	지부/지사 연락처
서울지역본부	서울	서대문구, 은평구, 종로구, 성북구, 노원구, 구리시, 중구, 동대문구	02)2137-0509
서울동부지사	서울	용산구, 서초구, 강남구, 중랑구, 광진구, 성동구, 송파구, 강동구	02)2024-1700
서울남부지사	서울	고양시, 마포구, 광명시, 강서구, 영등포구, 구로구, 금천구, 동작구, 양천구, 관악구	02)6907-7139
경기지사	경기	권선구, 송탄시, 장안구, 팔달구, 단원구, 상록구, 동안구, 만안구, 화성시, 군포시, 수원시, 시흥시, 안산시, 안성시, 안양시, 오산시, 의왕시, 평택시, 영통구	031)249-1212~1217
경기북부지사	경기	포천시, 연천군, 양주시, 의정부시, 도봉구, 남양주시, 동두천시, 강북구, 파주시	031)853-4285
경기동부지사	경기	하남시, 성남시 중원구, 양평군, 여주시, 이천시, 과천시, 성남시, 용인시, 기흥구, 처인구, 분당구, 수정구	031)750-6226
중부지역본부	인천	부천시, 소사구, 미추홀구, 부천시 원미구, 김포시, 부천시, 강화군, 계양구 남구, 남동구, 동구, 부평구, 서구, 연수구, 옹진군, 중구, 부천시 오정구	032)820-8632
부산지역본부	부산	북구, 사상구, 연제구, 부산진구, 강서구, 금정구, 동래구, 양산시	051)330-1913
부산남부지사	부산	사하구, 서구, 수영구, 영도구, 동구, 해운대구, 기장군, 남구, 중구	051)620-1915

대전지역본부	대전	동구, 서구, 유성구, 대덕구, 부여군, 계룡시, 공주시, 금산군, 논산시, 중구	042)580-9136
대구지역본부	대구	경산시, 고령군, 성주군, 청도군, 칠곡군, 남구, 중구, 동구, 북구, 서구, 수성구, 달서구	053)580-2326
광주지역본부	광주	광산구, 남구, 동구, 북구, 서구, 화순군, 담양군, 영광군, 장성군, 함평군, 나주시	062)970-1766~7
울산지사	울산	남구, 동구, 중구, 울주군, 북구	052)220-3223
충북지사	충북	흥덕구, 세종시, 괴산군, 단양군, 보은군, 영동군, 옥천군, 음성군, 제천시, 증평군, 진천군, 청원군, 청주시, 충주시, 청원구, 청주시 서원구, 청주시 상당구	043)279-9000
충남지사	충남	동남구, 서북구, 당진시, 보령시, 서산시, 서천군, 홍성군, 연기군, 예산군, 천안시, 청양군, 태안군, 아산시	041)620-7638
강원지사	강원	양구군, 영월군, 원주시, 인제군, 가평군, 춘천시, 홍천군, 화천군, 횡성군, 철원군	033)248-8513
강원동부지사	강원	강릉시, 고성군, 동해시, 평창군, 태백시, 속초시, 양양군, 정선군, 삼척시	033)650-5711
전북지사	전북	고창군, 전주시 완산구, 김제시, 남원시, 무주군, 부안군, 순창군, 완주군, 익산시, 임실군, 장수군, 전주시, 정읍시, 진안군, 전주시 덕진구, 군산시	063)210-9223
전남지사	전남	고흥군, 곡성군, 광양시, 여수시, 보성군, 순천시, 구례군	061)720-8533
전남서부지사	전남	강진군, 목포시, 무안군, 신안군, 해남군, 완도군, 장흥군, 진도군, 영암군	061)288-3326
경북지사	경북	영주시 예천군, 의성군, 청송군, 영양군, 안동시, 군위군, 김천시, 문경시, 봉화군, 상주시, 구미시	054)840-3033
경북동부지사	경북	울릉군, 울진군, 경주시, 영덕군, 포항시, 남구, 북구, 영천시	054)230-3202
경남지사	경남	의령군, 창원시 진해구, 진해시, 창녕군, 창원시, 통영시, 하동군, 함안군, 함양군, 합천군, 밀양시, 사천시, 산청군, 거제시, 거창군, 고성군, 김해시, 남해군, 마산시, 의창구, 마산합포구, 마산회원구, 성산구, 진주시	055)212-7245
제주지사	제주	제주시, 서귀포시	064)729-0714

2. 실기시험

1) 실기시험 접수

- **실기시험** : 회별 접수기간 별도 지정(별첨2 참조)
- **원서접수 시간** : 회별 원서접수 첫날 10:00부터 마지막 날 18:00까지(목~금)
- **접수방법** : 인터넷 접수(http://q-net.or.kr)
- **상시시험** : 연 50회 정도 세부시행계획에 따라 시험이 진행되며, 인터넷을 이용 원서 접수(큐넷, www. http://q-net.or.kr)와 시행 일자 확인 가능

※ 회차별 월요일은 시험준비 등을 위해 미시행, 비고에 제시된 일자에는 시험 및 원서접수 실시하지 않음

2) 실기시험 시행

실기시험은 접수인원 및 시험장 현황(외부 시험장 포함) 등을 감안하여 소속기관별로 종목별 · 일자별 시행계획을 수립하여 실시

① 시험시간(부)

시행구분	수험자교육(입실시간)	시험시간	비 고
1부	08:30	09:00	※ 시험 시작은 수험자 전원이 응시하고, 수험자 교육이 완료되면 곧바로 시작 가능
2부	10:00	10:30	
3부	11:00	11:30	
4부	12:30	13:00	
6부	14:00	14:30	

3) 실기시험 준비물

수검표, 신분증, 수검자 지침 공구를 준비한다.

① **수험표, 신분증** : 수험표와 신분증을 반드시 지참한다.

② **위생복(가운, 앞치마)** : 반드시 흰색을 착용하며 깨끗하게 다려서 구김이 가지 않도록 하고 소매는 접어서 걷고 단추는 모두 채운다. 미지참 시 실격처리된다(2020년 1월 기준).

③ 위생모(머릿수건) : 모자는 종이로 된 것이나 천 모두 사용가능하나 반드시 조리용 모자를 착용하여야 하며 흰색을 사용한다. 머릿수건을 착용할 때는 머리카락이 밖으로 나오지 않도록 한다. 미지참 시 실격처리된다(2020년 1월 기준).

④ 칼 : 좋은 칼, 비싼 칼보다는 자신의 손에 편안하게 느껴지는 칼을 선택하여 몸의 일부처럼 느껴질 만큼 익숙하게 한다. 너무 가벼운 것보다는 약간의 무게가 느껴지며 칼날이 지나치게 두껍지 않은 것으로 고른다.

⑤ 수저세트 : 조리용으로 보통 집에서 사용하는 것이면 되고 젓가락은 대나무 젓가락을 준비한다.

⑥ 나무주걱 : 양식에서는 반드시 필요한 기구로 밑부분이 지나치게 일직선으로 된 것은 재료를 볶기에 불편하므로 가장자리를 둥글게 다듬어 사용한다.

⑦ 계량컵, 계량스푼 : 스테인리스나 플라스틱으로 된 것 모두 사용 가능하다.

⑧ 소창 : 1겹보다는 2겹으로 된 것이 좋으며, 한번도 사용하지 않은 것은 수분을 흡수하기 어려우므로 반드시 빨아서 반듯하게 접어서 가져간다.

⑨ 행주 : 타월로 된 것이 좋으며, 반드시 흰색의 깨끗한 것으로 여러 장 가져간다.

⑩ 키친페이퍼 : 종이로 되어 있으나 물에 녹지 않아 사용하기 편리하다. 적은 양의 수분이나 기름기를 제거하는 데 사용하면 좋다.

⑪ 고무주걱: 소스나 걸쭉한 수프를 남김없이 담아낼 때 사용한다.

⑫ 냄비 : 손잡이가 하나 달린 알루미늄 냄비가 가장 사용하기 편리하다. 뚜껑도 가져간다.

⑬ 프라이팬 : 코팅이 잘 되어 있는 것을 가져가도록 하고 쇠로 된 기구는 사용하지 않도록 한다.

⑭ 그릇 : 접시, 대접, 공기 등 필요한 만큼 골고루 가져가는 것이 좋다.

⑮ 검은 봉투 : 쓰레기를 처리할 때 사용되며 세정대에 위치하여 사용한다.

【실기시험 준비물】

번호	지참공구목록	규격	수량/단위	비고
1	가위	조리용	1EA	
2	강판	조리용	1EA	
3	계량스푼	사이즈별	1SET	
4	계량컵	200㎖	1EA	
5	공기	소	1EA	
6	국대접	소	1EA	
7	김발	20cm 정도	1EA	
8	냄비	조리용	1EA	시험장에도 준비되어 있음
9	도마	흰색 또는 나무도마	1EA	시험장에도 준비되어 있음
10	뒤집개	–	1EA	
11	랩, 호일	조리용	1EA	
12	밀대	소	1EA	
13	비닐봉지, 비닐백	소형	1장	
14	비닐팩	–	1EA	
15	상비의약품	손가락골무, 밴드 등	1EA	
16	석쇠	조리용	1EA	시험장에도 준비되어 있음
17	소창 또는 면포	30×30cm 정도	1장	
18	쇠조리(혹은 체)	조리용	1EA	시험장에도 준비되어 있음
19	숟가락	스테인리스제	1EA	
20	앞치마	백색(남녀 공용)	1EA	*위생복장(위생복, 위생모, 앞치마)을 착용하지 않을 경우 채점대상에서 제외(실격)됩니다.
21	위생모 또는 머릿수건	백색	1EA	*위생복장(위생복, 위생모, 앞치마)을 착용하지 않을 경우 채점대상에서 제외(실격)됩니다.
22	위생복	상의–백색 / 긴팔, 하의–긴바지(색상 무관)	1벌	*위생복장(위생복, 위생모, 앞치마)을 착용하지 않을 경우 채점대상에서 제외(실격)됩니다.
23	위생타월	면 또는 키친타월 등	1매	

24	이쑤시개	–	1EA	
25	젓가락	나무젓가락 또는 쇠젓가락	1EA	
26	종이컵	–	1EA	
27	칼	조리용 칼, 칼집 포함	1EA	눈금표시칼 사용 불가
28	키친페이퍼		1EA	
29	프라이팬	소형	1EA	시험장에도 준비되어 있음

※ 지참준비물의 수량은 최소 필요수량으로 수험자가 필요시 추가지참 가능합니다. 길이를 측정할 수 있는 눈금표시가 있는 조리기구는 사용불가합니다.(지참 시 테이프 등으로 눈금표시를 보이지 않도록 한 후 사용 가능)

4) 합격자 발표

① 인터넷, ARS, 접수지사에 게시 공고

• **발표일자** : 회별 발표일 별도 지정

② 발표방법

• **인터넷** : 원서접수 홈페이지(www.http://q-net.or.kr)

• **전화** : ARS 자동응답전화(☏ 1666-0100), 실기시험은 당회 시험 종료 후 다음 주 목요일 09:00 발표

※ 단, 합격자 발표일이 공휴일, 연휴 등에 해당할 경우 별도지정

③ 검정수수료 환불 안내사항

• 시험수수료 환불 안내사항

• 접수기간 내 접수를 취소하는 경우 : 100% 환불(마감일 23:59:59까지)

• 접수마감일 다음날로부터 회별 시행초일 5일 전까지 취소하는 경우 : 50% 환불(10원단위 절사)

5) 자격증 교부

• **상장형자격증** : 수험자가 직접 인터넷을 통해 발급 · 수첩형자격증 : 인터넷 신청

하여 우편배송

수검표, 증명사진 1매, 신분증, 수수료를 지참하고 가까운 지방사무소에서 자격증을 교부받는다.

6) 실기시험 채점배정표

- 2가지 작품을 주어진 시간 내에 완성하여 제출한다. 100점 만점에 60점 이상이면 합격이다.

주요 항목	세부사항	내용		배점
위생상태 및 안전관리	위생복, 위생상태	가운, 두발, 손톱상태	3	10
	정리정돈 및 청소	등정리, 청소 조리대, 기구 주위, 청소상태	2	
	조리과정	조리순서와 조리과정의 위생상태	3	
	안전관리	시설, 장비 사용 시 안전관리	2	
조리기술	재료 손질, 썰기, 볶기, 익히기, 끓이기, 굽기 등			60
작품평가	맛			12
	색			10
	그릇 담기			8
합계				100

7) 실기시험 장소에서의 주의사항

① 시간 내에 도착해서 수검자 대기실에서 출석 확인 후 배번호(등번호)를 받고 본부 요원의 주의사항을 듣는다.

② 실기시험장으로 입실해서 각자의 배번호와 같은 조리대로 가서 지침 공구물을 꺼내놓고 정돈한다.

③ 주어진 2가지의 요리명과 제한시간을 확인한다.

④ 시험 주재료와 부재료, 양념류를 확인한다. 이때 빠진 재료, 불량 재료 등이 있으면 교환이나 추가지급을 신청한다.(시험이 시작되면 교환이나 추가지급이 불가능하다. 단 식재료를 잘랐을 때 안이 썩은 경우 교환 가능하다.)

⑤ 시험 시작을 알리면 곧바로 음식을 만들기 시작한다.

⑥ 주어진 시간 내에 완성품 2가지를 배번호와 같이 제출한다.

⑦ 작품을 제출한 후 조리한 주변 장소를 말끔히 정리 정돈하고 본부요원의 지시에 따라 시험장에서 퇴실한다.

8) 실기시험 볼 때 주의사항

① 시험 전날 수검표, 신분증, 수검자 지침공구를 꼼꼼히 확인하여 준비한다. 특히 복장(위생복, 위생모, 앞치마 등)은 깔끔하게 손질해 가지고 간다(반팔, 반바지 실격).

② 복장은 편하고 단정하게 하며 높은 굽의 신발은 삼가며(운동화의 경우 키높이 운동화 감점) 시계, 팔찌, 반지, 귀걸이 등의 액세서리는 삼가야 한다.

③ 손톱은 깨끗하게 다듬고 매니큐어 등은 바르지 않는다.

④ 위생복, 위생모(머릿수건), 앞치마 등을 착용할 때는 흰색으로 단정하게 입어야 한다.

⑤ 칼에 손을 베이거나 불에 데지 않도록 주의한다(칼에 손을 베였을 때 응급처치 없이 조리를 계속하면 감점).

⑥ 음식을 만들 때 재료나 조리 기구를 떨어뜨리지 않도록 하고 요란한 칼소리가 나지 않도록 주의한다.

⑦ 음식을 만드는 데 있어 재료와 도마 등을 위생적으로 처리하고 청결에 주의한다.

⑧ 시간을 요하는 요리(지단용 달걀 풀기, 절이기, 찌기)부터 시작해야 한다.

⑨ 따뜻한 요리(국, 찜, 찌개 등)는 따뜻하게 해서 제출한다.

⑩ 생채요리는 물기가 생기지 않도록 마지막에 완성하여 제출한다.

⑪ 모든 재료를 조리할 수 있도록 썰고 양념을 준비한 다음 불 쪽으로 이동하여 작업 능률을 효율적으로 한다.

⑫ 반드시 주어진 조리시간 내에 완성품을 제출해야 한다. 그렇지 않으면 채점 대상에서 제외된다.

9) 개인위생 안전관리 세부기준 안내

① 개인위생상태 세부기준

순번	구분	세부기준
1	위생복	• 상의 : 흰색, 긴팔 • 하의 : 색상 무관, 긴바지 • 안전사고 방지를 위하여 반바지, 짧은 치마, 폭넓은 바지 등 작업에 방해가 되는 모양이 아닐 것
2	위생모(머릿수건)	• 흰색 • 일반 조리장에서 통용되는 위생모
3	앞치마	• 흰색 • 무릎 아래까지 덮이는 길이
4	위생화 또는 작업화	• 색상 무관 • 위생화, 작업화, 발등이 덮이는 깨끗한 운동화 • 미끄러짐 및 화상의 위험이 있는 슬리퍼류, 작업에 방해가 되는 굽이 높은 구두, 속 굽 있는 운동화가 아닐 것
5	장신구	• 착용 금지 • 시계, 반지, 귀걸이, 목걸이, 팔찌 등 이물, 교차오염 등의 식품위생 위해 장신구는 착용하지 않을 것
6	두발	• 단정하고 청결할 것 • 머리카락이 길 경우, 머리카락이 흘러내리지 않도록 단정히 묶거나 머리망 착용할 것
7	손톱	• 길지 않고 청결해야 하며 매니큐어, 인조손톱부착을 하지 않을 것

※ 위생복, 위생모, 앞치마 미착용 시 채점대상에서 제외됩니다.(실격처리)

※ 눈금표시가 있는 조리도구를 지참한 경우(예, 칼, 계량스푼 등) 눈금표식이 보이지 않도록 조치 후 사용

※ 지참준비물 추가 : 손가락 골무, 밴드 등 가벼운 상처를 치료할 수 있는 상비의약품

※ 개인위생, 조리도구 등 시험장 내 모든 개인물품에는 기관 및 성명 등의 표시가 없어야 합니다.

② 안전관리 세부기준

- 조리장비 · 도구의 사용 전 이상 유무 점검
- 칼 사용(손 빔) 안전 및 개인 안전사고 시 응급조치 실시
- 튀김기름 적재장소 처리 등

10) 장애 유형별 편의 제공안내

장애유형			필기(답)형 시험	작업형 시험
시각장애	중증(장애의 정도가 심한 장애인)		• 청수법 사용 (점자정보단말기 및 스크린리더 사용) • 시험시간 1.7배 연장 • 필요시 답안대필 가능	• 시험시간 1.5배 연장
시각장애	경증(장애의 정도가 심하지 않은 장애인)		• 확대문제지 또는 독서확대기 가능 • 시험시간 1.5배 연장 • 필요시 답안대필 가능	• 시험시간 1.2배 연장
뇌 병변 장애	(장애정도) 구분 없음		• 시험시간 1.5배 연장 • 필요시 답안대필 가능	• 시험시간 1.3배 연장
지체장애	상지 장애	① 중증(장애의 정도가 심한 장애인)	• 시험시간 1.5배 연장	• 시험시간 1.3배 연장
지체장애	상지 장애	② 경증(장애의 정도가 심하지 않은 장애인)	• 시험시간 1.2배 연장	• 시험시간 1.2배 연장
지체장애	하지 장애	③ 하지(장애 정도 구분 없음, 척추장애* 포함)	• 시험시간 일반응시자와 동일	• 시험시간 1.1배 연장
지체장애	복합장애		• 상지장애와 동일	• 상지장애에 부여한 시간 + 하지장애에 추가적으로 부여한 시간
청각장애	등급 구분 없음		• 수화통역사 위촉 • 시험시간 일반응시자와 동일	
기타 의료 기관장이 인정한 장애	일시적 신체장애로 응시에 현저한 지장이 있는 자		• 장애 정도를 검증하여 결정	
기타 의료 기관장이 인정한 장애	등급 구분 없음 (과민성대장증후군 및 과민성방광증후군, 신장, 심장, 장루, 요루 장애 등)		• 시험시간 일반응시자와 동일 – 시험 중 화장실 사용 허용	

※ 복합장애인지(상지 + 하지) 중 상지장애 1급에 대한 시간 산정방법(작업형 시험, 예시)

- **시험시간이 60분인 경우**

⇒ 상지장애의 장애등급에 부여한 시간 {표준시간(60분) + (60분)×0.3)} = 78분

+ 하지장애 시 추가 부여한 시간 {(60분×0.1) = 6분} = 84분

제2장 조리 기능장, 산업기사, 기능사 수검절차 안내

1) 응시자격

① 기능장: 다음 각 호 어느 하나에 해당하는 사람

- 응시하려는 종목이 속하는 동일 및 유사 직무분야의 산업기사 또는 기능사 자격을 취득한 후 「근로자직업능력 개발법」에 따라 설립된 기능대학의 기능장과정을 마친 이수자 또는 그 이수예정자
- 산업기사 등급 이상의 자격을 취득한 후 응시하려는 종목이 속하는 동일 및 유사 직무분야에서 5년 이상 실무에 종사한 사람
- 기능사 자격을 취득한 후 응시하려는 종목이 속하는 동일 및 유사 직무분야에서 7년 이상 실무에 종사한 사람
- 응시하려는 종목이 속하는 동일 및 유사 직무분야에서 9년 이상 실무에 종사한 사람
- 응시하려는 종목이 속하는 동일 및 유사 직무분야의 다른 종목의 기능장 등급의 자격을 취득한 사람
- 외국에서 동일한 종목에 해당하는 자격을 취득한 사람

② **조리산업기사** : 산업구조가 전문 서비스 위주로 변화함에 따라 동 산업분야의 인력 수요 증가가 예상되어 조리산업기사 종목이 신설됨

- 기능사 등급 이상의 자격을 취득한 후 응시하려는 종목이 속하는 동일 및 유사 직무분야에 1년 이상 실무에 종사한 사람
- 응시하려는 종목이 속하는 동일 및 유사 직무분야의 다른 종목의 산업기사 등급

이상의 자격을 취득한 사람

- 관련학과의 2년제 또는 3년제 전문대학졸업자 등 또는 그 졸업예정자
- 관련학과의 대학졸업자 등 또는 그 졸업예정자
- 동일 및 유사 직무분야의 산업기사 수준 기술훈련과정 이수자 또는 그 이수예정자
- 응시하려는 종목이 속하는 동일 및 유사 직무분야에서 2년 이상 실무에 종사한 사람
- 고용노동부령으로 정하는 기능경기대회 입상자
- 외국에서 동일한 종목에 해당하는 자격을 취득한 사람

③ 조리기능사: 응시자격 제한 없음

2) 수검원서 교부 및 접수

- **접수방법** : 인터넷 접수(http://q-net.or.kr)
- **원서접수 시간** : 회별 원서접수 첫날 10:00부터 마지막 날 18:00까지(목~금)

3) 필기시험 및 실기시험 절차 안내

필기시험 응시자는 인터넷 접수(http://q-net.or.kr)에서 원서를 접수하고, 별도로 시험일시와 장소를 지정받아서 시험을 치른다. 1차 필기시험 합격자는 차후 2년까지 실기시험에 필기 면제자로 실기시험을 볼 수 있다.

4) 합격자 발표

- **ARS** : 1644-8000
- **인터넷** : 큐넷(http://q-net.or.kr) (마이페이지 등)에서 합격여부를 확인하고 다음의 절차를 밟는다.
- **개인별 득점 조회** : 합격 여부 및 일부 종목에 대한 시험 문제, 득점을 공개한다.

5) 최종 합격자 자격증 교부

① 상장형 자격증 발급을 원칙으로 하며, 소장 희망 시『수첩형 자격증』을 발급 · 활용하시기 바랍니다(수첩형 자격증 발급은 의무사항이 아니므로, 소장 희망 시 발급)

② 인터넷으로 편리하게 신청하고 무료로 자가 프린터를 통해 즉시 발급(출력)하실 수 있습니다.

※ 공단 지사 방문 및 우편 배송은 불가함

기존『수첩형 자격증』과 동일한 법적 효력(국가기술자격법 시행규칙 제28조)이 있으므로, 경력 및 학점 인정 등을 위한 자격증 제출 시 활용 가능합니다.

③『상장형 자격증』 발급 유의사항

- 공단이 시행한 국가기술자격 취득자 중 공단에서 확인한 사진이 등록된 자에 한하여 발급 가능하며 1회 1종목 발급 가능합니다.(발급 시 사진 변경 불가)
- PC 및 프린터 환경에 따라 색상 등이 일부 상이할 수 있으니, 이 점 양해하여 주시기 바랍니다.
- 발급한 상장형 자격증은【큐넷 자격증 진위확인】에서 90일간 조회할 수 있으며, 모바일에서는 불가합니다.

④ 상장형 자격증 이용(신청)이 불가능한 경우

- 공단에서 확인된 본인 사진이 없는 경우, 자격취득사항(성명, 주민번호, 종목)의 변경이 필요한 경우(주민등록(초본) 등 입증서류 지참), 신분증을 지참하지 않고 실기시험에 응시한 경우, 법령 개정으로 자격 종목의 선택이 필요한 경우(선택이 완료된 자격에 대하여는 번복이 불가능함에 따라 담당직원의 안내를 받은 후 신중하게 선택), 상장형 자격증 이용(신청)이 불가능한 경우

【수첩형 자격증 발급 시 발급 수수료 안내】

발급신청	수수료	배송비
인터넷 신청 및 우편배송	3,100원	2,860원
인터넷 신청 및 방문 발급	3,100원	–
공단 소속기관 방문 신청 및 발급	3,500원	–

※ 배송 수령 시

- 공단이 시행한 국가기술자격 취득자 중 공단에서 확인한 사진이 등록된 경우에 한하여 인터넷 신청 후 배송 수령 가능하며 1회 4개의 자격증까지 발급 가능합니다.
- 인터넷 신청 후 안내사항 등이 문자로 발송되오니 휴대폰 번호를 정확하게 기입하여 주시기 바랍니다(보완 요청 시 7일 이내 보완 요망. 기한 경과 시 자동 취소됨)

※ 방문 발급 시

- 공단에서 확인된 사진이 없는 경우, 인터넷 신청 후 희망하는 공단 소속기관(지부 · 지사)에 신분증(대리인 신청 시에는 본인 및 대리인 신분증)을 지참하여 방문하시기 바랍니다.
- **인터넷 신청 불가 시 :** 사진(반명함 및 증명사진) 및 본인 신분증(대리인 방문 시 본인 및 대리인 신분증) 지참 후 공단 소속기관(지부 · 지사) 방문

※ 공단을 직접 방문하여 발급하여야 하는 경우

공단에서 확인된 본인 사진이 없는 경우, 자격취득사항(성명, 주민번호, 종목)의 변경이 필요한 경우(주민등록(초본) 등 입증서류 지참), 신분증을 지참하지 않고 실기시험에 응시한 경우, 법령 개정으로 자격 종목의 선택이 필요한 경우(선택이 완료된 자격에 대하여는 번복이 불가능함에 따라 담당직원의 안내를 받은 후 신중하게 선택)

참고문헌

- 똑똑하게 풀어 쓴 조리원리, 안기정 외 3인, 지식인(2016)
- 생각이 필요한 식품재료학, 노봉수 외 6명, 수학사(2017)
- 생활조리, 정문숙 외 1인, 신광출판사(2000)
- 스마트 식품학, 황인경 외 6인, 수학사(2018)
- 식품위생원리와 실제, 곽동경 외 6명, 교문사(2014)
- 식품위생학, 박경진 외 3인, 창지사(2017)
- 식품재료학, 하헌수 외 1인, 백산출판사(2015)
- 식품재료학, 홍진숙 외 7인, 교문사(2019)
- 실무를 위한 식자재 구매, 김형찬, 수학사(2014)
- 알기 쉬운 영양학, 문수재 외 2인, 수학사(2016)
- 영양학을 고려한 최신조리원리, 정상열 외 2인, 백산출판사(2019)
- 우리가 정말 알아야 할 우리 음식 백가지, 한복진, 현암사(1998)
- 웰빙한국음식, 김은실 외 2인, MJ미디어(2005)
- 이해하기 쉬운 식품학, 이경애 외 4명, 파워북(2014)
- 조리과학, 김향숙 외 2인, 수학사(2014)
- 조리영양과 식품안전, 최은희 외 2인, 백산출판사(2019)
- 조리원리 이론과 실습, 조미자 외 4명, 교문사(2015)
- 조선왕조궁중음식, 황혜성, (사)궁중음식연구원(1998)
- 한국요리, 염초애 외 2인, 효일문화사(2000)
- 한국요리해법, 봉하원, 효일문화사(2000)
- 한국음식의 개관, 제1권, 윤서석 외 6인, 한국문화재보호재단(1997)
- 한국의 떡, 한과, 음청류, 윤숙자, 지구문화사(1998)
- 한국의 상차림, 강인희 외 11인, 효일문화사(1999)
- 한국의 음식문화, 이효지, 신광출판사(2007)
- 한국조리, 서봉순 외 2인, 지구문화사(2001)
- 한식조리기능사, 임채서, 훈민사(2004)

저자 소개

최은희

- 세종대학교 조리외식학 박사
- 수원과학대학교 글로벌한식조리과 교수

쉽게 따라 하는 우리 음식

2021년 1월 10일 초판 1쇄 인쇄
2021년 1월 15일 초판 1쇄 발행

지은이 최은희
펴낸이 진욱상
펴낸곳 (주)백산출판사
교　정 성인숙
본문디자인 신화정
표지디자인 오정은

저자와의 협의하에 인지첩부 생략

등　록 2017년 5월 29일 제406-2017-000058호
주　소 경기도 파주시 회동길 370(백산빌딩 3층)
전　화 02-914-1621(代)
팩　스 031-955-9911
이메일 edit@ibaeksan.kr
홈페이지 www.ibaeksan.kr

ISBN 979-11-6567-166-2 13590
값 21,000원